U0388683

新闻与传播学译丛·学术前沿系列

丛书主编　刘海龙　胡翼青

互联网的误读

Misunderstanding the Internet

英 詹姆斯·柯兰（James Curran）
娜塔莉·芬顿（Natalie Fenton） 著
德斯·弗里德曼（Des Freedman）
何道宽 译

中国人民大学出版社
·北京·

总 序

在论证“新闻与传播学译丛·学术前沿系列”可行性的过程中，我们经常自问：在这样一个海量的论文数据库唾手可得的今天，从事这样的中文学术翻译工程价值何在？

中国大陆1980年代传播研究的引进，就是从施拉姆的《传播学概论》、赛弗林和坦卡德的《传播理论：起源、方法与应用》、德弗勒的《传播学通论》、温德尔和麦奎尔的《大众传播模式论》等教材的翻译开始的。当年外文资料匮乏，对外交流机会有限，学界外语水平普遍不高，这些教材是中国传播学者想象西方传播学地图的主要素材，其作用不可取代。然而今天的研究环境已经发生翻天覆地的变化。图书馆的外文数据库、网络上的英文电子书汗牛充栋，课堂上的英文阅读材料已成为家常便饭，来中国访问和参会的学者水准越来越高，出国访学已经不再是少数学术精英的专利或福利。一句话，学术界依赖翻译了解学术动态的时代已经逐渐远去。

在这种现实面前，我们的坚持基于以下两个理由。

一是强调学术专著的不可替代性。

目前以国际期刊发表为主的学术评价体制导致专著的重要性降低。一位台湾资深传播学者曾惊呼：在现有的评鉴体制之下，几乎没有人愿意从事专著的写作！台湾引入国际论文发表作为学术考核的主要标准，专著既劳神又不计入学术成果，学者纷纷转向符合学术期刊要求的小题目。如此一来，不仅学术视野越来越狭隘，学术共同体内的交流也受到影响。

中国大陆的国家课题体制还催生了另一种怪现象：有些地方，给钱便可出书。学术专著数量激增，质量却江河日下，造成另一种形式的学术专著贬值。与此同时，以国际期刊发表为标准的学术评估体制亦悄然从理工科渗透进人文社会学科，未来中国的学术专著出版有可能会面临双重窘境。

我们依然认为，学术专著自有其不可替代的价值。其一，它鼓励研究者以更广阔的视野和更深邃的眼光审视问题。它能全面系统地提供一个问题的历史语境和来自不同角度的声音，鼓励整体的、联系的宏观思维。其二，和局限于特定学术小圈子的期刊论文不同，专著更像是在学术广场上的开放讨论，有助于不同领域的“外行”一窥门径，促进跨学科、跨领域的横向交流。其三，书籍是最重要的知识保存形式，目前还未有其他真正的替代物能动摇其地位。即使是电子化的书籍，其知识存在形态和组织结构依然保持了章节的传统样式。也许像谷歌这样的搜索引擎或维基百科这样的超链接知识形态在未来发挥的作用会越来越大，但至少到现在为止，书籍仍是最便捷和权威的知识获取方式。如果一位初学者想对某个题目有深入了解，最佳选择仍是入门级的专著而不是论文。专著对于知识和研究范式的传播仍具有不可替代的作用。

二是在大量研究者甚至学习者都可以直接阅读英文原文的前提下，学术专著翻译选择与强调的价值便体现出来。

在文献数量激增的今天，更需要建立一种评价体系加以筛选，使学者在有限的时间里迅速掌握知识的脉络。同时，在大量文献众声喧哗的状态下，对话愈显珍贵。没有交集的自说自话缺乏激励提高的空间。这些翻译过来的文本就像是一个火堆，把取暖的人聚集到一起。我们希冀这些精选出来的文本能引来同好的关注，刺激讨论与批评，形成共同的话语空间。

既然是有所选择，就意味着我们要寻求当下研究中国问题所需要关注的研究对象、范式、理论、方法。传播学著作的翻译可以分成三个阶段。第一个阶段旨在营造风气，故而注重教材的翻译。第二个阶段目标在于深入理解，故而注重迻译经典理论著作。第三个阶段目标在于寻找能激发创新的灵感，故而我们的主要工作是有的放矢地寻找对中国的研究具有启发的典范。

既曰“前沿”，就须不作空言，甚至追求片面的深刻，以求激荡学界的思想。除此以外，本译丛还希望填补国内新闻传播学界现有知识结构上的盲点。比如，过去译介传播学的著作比较多，但新闻学的则相对薄弱；大众传播的多，其他传播形态的比较少；宏大理论多，中层研究和个案研究少；美国的多，欧洲的少；经验性的研究多，其他范式的研究少。总之，我们希望本译丛能起到承前启后的作用。承前，就是在前辈新闻传播译介的基础上，拓宽加深。启后，是希望这些成果能够为中国的新闻传播研究提供新的思路与方法，促进中国的本土新闻传播研究。

正如胡适所说：“译事正未易言。倘不经意为之，将令奇文瑰宝化为粪壤，岂徒唐突西施而已乎？与其译而失真，不如不译。”学术翻译虽然在目前的学术评价体制中算不上研究成果，但稍有疏忽，却可能遗害无穷。中国人民大学出版社独具慧眼，选择更具有学术热情的中青年学者担任本译丛主力，必将给新闻传播学界带来清新气息。这是一个共同的事业，我们召唤更多的新闻传播学界的青年才俊与中坚力量加入到荐书、译书的队伍中，让有价值的思想由最理想的信差转述。看到自己心仪的作者和理论被更多人了解和讨论，难道不是一件很有成就感的事么？

译者序

一、相通的政治经济文化关怀

自 2006 年以来，我翻译出版了三本政治学、传媒政治经济学和新媒体演化的书，这些书均有创意，颇有锋芒。它们是《新政治文化》（社会科学文献出版社）、《重新思考文化政策》（中国人民大学出版社）和《新新媒介》（复旦大学出版社）。

《新政治文化》断言阶级政治消解，党派政治式微，侍从政治淡出，认为阶级、党派、阶层、群体、集团的利益似在趋同。然而，它又承认，在乌托邦似的理想社会实现之前，任何社会都是分层分派的，因而，马克思主义的经济分析、非马克思主义的分层理论仍然适用。

《重新思考文化政策》批判“新自由主义”、“新自由主义的文化政策”和“新自由主义全球化”，质疑由资本家的利益和狭义的政府利益决定的文化议程。

《新新媒介》从媒介哲学和媒介演化的角度阐述了新新媒介的性质、定义、原理和特征，重点之一是深刻影响社会文化和个人的社交媒体。

2013 年，我着手翻译的众多著作里有四本与当代政治和媒介有关。它们是：《互联网的误读》（中国人民大学出版社）、《群众与暴民》（复旦大学出版社）、《媒介、社会与世界》（复旦大学出版社）和《新新媒介》（第二版）（复旦大学出版社）。

这几本书的政治经济文化关怀是相通的。

二、网络问政的及时雨

互联网革命、社交媒体革命、微博革命的呼号、呐喊、惊叹甚嚣尘上。媒介革命在什么意义上、多大程度上影响着社会革命?

互联网对个人的表情达意、朋友的交流、同事的合作、同业的共事起什么作用?对政治经济社会发展、全球理解有何影响?对社会运动、对抗政治、反全球化运动、反独裁革命、反新自由主义有何推进?

无数的问题摆在政府、学者、网民的面前。如何解答?如何解决?

《互联网的误读》平衡乐观主义和悲观主义的观点、解说和主张,比较理性地审视互联网的性质、历史、功能等方方面面,不失为一本及时的书,有相当的参考价值。

中国社会踏上了伟大的新长征,正在经历急剧的变革。我们的梦想是民富国强、公平正义、共同富裕。我们的理想是和谐社会、人民幸福。但在社会的转型期,社会矛盾凸显。在信息化、新媒体时代,一切矛盾均可放大。一只蝴蝶可以掀起翻天巨浪,一句谣言可以使万民不安。如何尊重民意、善待民意、引导民意是十分重要的研究课题。

执政党应该是为民党,民有、民治、民享应该是政府的唯一本质和唯一宗旨。中国共产党和中国政府正在完善自我,完善执政能力。此间,倾听、沟通、引导、学习民意成了日常的要务。古今中外的政治智慧、执政经验都在学习之列。

和一切社会现象一样,不可否认,网络问政也分上中下,左中右,消极和积极,温和、激进与极端,建设性与破坏性,理想局面与沮丧后果。“网络行动”的参与者既有“良民”,也有“恶棍”。英国人发现,2010年和2011年英国国内骚乱期间,“网络行动”的参与者就良莠不齐、分化明显,这是考察“网络行动”时不可不察的国内问题。2009年伊朗的“绿色革命”、2010年和

2011年的“阿拉伯之春”就有西方政府和非政府组织的影子，这是不可不察的国际问题。

新政治文化作为成熟的政治学课题已有半个世纪的历史。网络政治和网络问政则是比较新的课题。除了政界、政治学界之外，新闻传播学也要承担责任，我们的研究成果也应该享有一席之地。

《互联网的误读》是一场及时雨，回答了互联网时代诸多的政治问题和传媒政治经济学问题。

三、全书概览

《互联网的误读》（以下简称《误读》）从史学、社会学、政治学和经济学的视角简单介绍互联网及其对社会的影响，篇幅不长，简明扼要。

《误读》内容并不宏富，观点并不复杂，征引却极其丰富，从纵横两个方面研究互联网的历史和影响；检视各种理论，批判各种实践，分析社会政治运动；肯定互联网是社会政治经济文化的重大影响因素之一，但否定互联网决定论的思想；解析各种已有的和可能有的误读，现实针对性很强。

三位作者分头撰写，却配合默契，合作完美，因为他们是长期共事的一个团队。

柯兰牵头写第一部分“总论”（第一、二章）和第四部分（第七章）“展望”，画龙点睛，唱压轴戏。

弗里德曼承担第二部分（第三、四章）“互联网的政治经济学”的写作，这部分讲互联网经济和规制。

芬顿负责第三部分（第五、六章）“互联网与权力”，这部分讲社交媒体和激进政治。此外，芬顿还负责第七章的部分内容。

《误读》大量征引，细察各家主张，防止片面；澄清差异，廓清谜团，纠正误解；做出解释，提出前瞻，非常详尽。

第一章“重新解释互联网”是导论，该章冷静地指出：互联网革命的四大预言（促进经济转型、全球理解、民主和报业复兴）并未实现。

第二章“重新思考互联网的历史”对各界人士撰写的互联网的历史进行纠正或补充，纠正伊甸园式的讴歌，纠正只顾西方、不顾东方的历史叙述，纠正互联网商业化历史的弊端。

第三章“Web 2.0和‘大票房’经济之死”指出，互联网经济同样受制于阵发性的供求危机和投机活动周期，并不是与“旧经济”全然不同的“新经济”。

第四章“互联网规制的外包”讲互联网的管理、治理和“规制”，指出互联网服务公共利益和私人利益的双重性，勾勒了互联网从开放走向封闭的历史轨迹，断言它“发明——推广——采纳——规制”的历史逻辑，同时又旗帜鲜明地主张维护互联网活跃、创新、平等、中性的原理。主张互联网规制的多管齐下：国家的规制和企业的自我规制以及市场的调节。

第五章“互联网与社会化网络”或许是读者最感兴趣的一章，因为它论述人人感兴趣的社交媒体。该章分四节细说社交媒体的动力机制、多样性和多中心性、从自我传播走向大众受众的走势以及新的社会讲述形式。作者看到社交媒体功能的“无穷的可能性”，同时又指出“社交媒体的首要功能并不是为社会谋利，也不是政治参与；其首要功能是表情达意，按照这一功能，理解社交媒体的最好办法是考察它们表达政治环境的动态（常常相互矛盾）的潜力，而不是去重组或更新支持它们的结构”。

第六章“互联网与激进政治”是我们最需要关注的一章。互联网很适合激进政治，能催生、促进和放大激进政治。本章考察了多种多样的激进政治和抗议活动，剖析了近年英国的学生运动、“阿拉伯之春”、伊朗的“绿色革命”、反全球化运动。

第七章“结论”画龙点睛的意义不言自明，作者重申了各章的主要结论。互联网诞生时有关它神奇魅力的四大预言都失算了，我们仍在为互联网的“灵魂”而战。有关互联网抒情诗似的理论阐释都有偏颇，互联网的规制应政府、企业和市场多管齐下。社交媒体是个人解放的媒介，而不是集体解放的媒介；是自我表达（常常是在消费者或个人意义上的表达）的媒介，而不是改变社会的媒介；是娱乐和休闲的媒介，而不是政治传播的媒介

（政治传播仍然由旧媒介主宰）；是精英和大公司形塑社会议程的媒介，而不是激进政治的媒介。互联网是全球性、互动性的技术，与更国际化的、去中心的、参与性的政治形式有一种天然的契合关系。作者提出的一揽子建议旨在复活公共利益的规制，意在扭转市场与国家当前的关系。他们呼唤的是建设性的、可以践行的干预手段。

《误读》最后的结论是："互联网的运行要使公众受益，它们不应该受到国家或市场的歧视。这个要求很紧迫，需要在一切层面上得到满足：国家和超国家的层次，离线和在线的层次；在社会运动和社交媒体中，在我们所属的一切网络中，这个要求应该都得到满足。"

何道宽

于深圳大学文化产业研究院

深圳大学传媒与文化发展研究中心

2013 年 3 月 8 日初稿

2014 年 5 月定稿

目　录

第一部分　总　论

第二部分 互联网的政治经济学

第三章 Web 2.0和“大票房”经济之死

第四章 互联网规制的外包

第三部分 互联网与权力

第五章 互联网与社会化网络

第六章 互联网与激进政治

第四部分 展 望

第七章 结 论

第一部分

总　论

第一章　重新解释互联网

詹姆斯·柯兰

20世纪90年代，权威的专家、政界人士、公共官员、商界领袖和新闻记者一致预测，互联网将要改变世界。[1]他们告诉我们，互联网将为商界带来一场革命，掀起一个繁荣的高潮（Gates，1995）。[2]互联网将开启一个文化民主的新时代，自主的消费者——后来所称的生产型消费者（prosumer）将要发号施令，旧的媒体寡头将要腐烂和死亡（Negroponte，1996）。互联网将振兴民主；有人说，通过公民投票，直接的电子治理将成为可能（Grossman，1995）。在世界各地，弱者和边缘人将被赋予力量，迫使独裁者下台，并使权力关系重组（Gates，1994）。更多的人说，互联网这种全球媒介将使宇宙收缩，促进国家间的对话和全球理解（Jipguep，1995；Bulashova and Cole，1995）。总之，互联网势不可挡：就像印刷术和火药一样，它将永远改变世界，不可逆转。

以上言论多半是根据互联网技术进行的推导。其设想是，互联网独占鳌头的属性将使世界焕然一新，其特色是：互动性、全球化、廉价、快速、联网便捷、具备知识储存的性能，以及难以驾驭。在这些预测之下，潜隐着一个假设：互联网技术将使一切环境别开生面、气象一新。这些预言的核心是互联网中心主义（Internet centrism），它相信，互联网是一切技术的终极版，是压倒一切、无坚不摧的力量。

表面上看，这些预言都实现了，于是，其权威性与日俱增。从中东的民众起义到我们购物和互动的新方式，社会变革据说是对新传播技术的回应。技术恐惧症患者困在过去，唯独他们看不见人人一目了然的真相：互联网正在改造世界。

有关互联网冲击力的言论越来越自信，而且从未来式变成了现在式。然而，反击的迹象出现了，例如麻省理工学院的权威谢丽·特克尔（Sherry Turkle）的变节。1995年，她为互联网用户的匿名邂逅喝彩，理由是，他们能拓展自己对“他者”富有想象力的洞见，能让情感的表达变得更加不受束缚（Turkle，1995）。[3]但16年以后，她改弦易辙，惋惜地说，网上的交流可能是肤浅的，容易上瘾，不利于形成更丰富、更令人满意的人际关系（Turkle，2001）。[4] 另一位变节者是白俄罗斯的活动分子埃夫琴尼·莫罗佐夫（Evgeny Morozov）。他过去认为，互联网会削弱独裁者，后来又宣告这一看法“虚妄”（Morozov，2011）。另一些人一开始就对对互联网的解放力寄予希望比较谨慎，后来这样的希望变成了彻头彻尾的怀疑。典型代表有约翰·福斯特（John Foster）和罗伯特·麦克切斯尼（Robert McChesney）（2011：17），他们写道：“20 年后，互联网巨大的潜力……烟消云散了。”

如此，我们面对的证词形成令人困惑的矛盾。大多数有学识的评论家认为，互联网是富有改造力的技术，他们的预言似乎已经被历年来的事件所证实。然而，有少数人却满怀信心地谴责大多数人的观点是乖谬倒错的，他们的观点令人不安。试问，谁说得对呢？什么样的说法是正确的呢？

在导论这一章里，我们将试图勾勒一个答案，分辨四类有关互联网冲击的关键预言，检查这些预言是否已成真。[5] 本章结尾时，我们将看看互联网的效应是增强了还是减弱了，借以思考由此而产生的情况性质如何。

第一节　经济转型

20 世纪 90 年代，许多人声称，互联网将为人人创造财富和繁荣。典型的预测是《连线》（*Wired*）的一篇鸿文，《连线》是美国互联网社群的“圣经”，文章作者是该杂志的编辑凯文·凯利（Kevin Kelly）。文章的题名和摘要给文章定了基调：“喧嚣的零：好消息是，你即将成为百万富翁。坏消息是，人人都将成为百万富翁。”

早在 1995 年，这种投机性的狂热就传染了主流媒体。《西雅图邮讯报》（*Seattle Post-Intelligencer*）1995 年 12 月 6 日宣告：“互联网的淘金热掀起了。”文章又说：“数以千计的人员和公司在下赌注。毫无疑问，金矿丰饶，因为互联网的极端重要性已初露端倪。”在大西洋对岸，同样的讯息发布了，喜悦之情毫不掩饰。《星期日独立报》（*Independent on Sunday*）1999 年 7 月 25 日宣告，“互联网神童的财富使全国彩票的头奖贱如花生豆，使城市彩票的红利贱如饭店的小费……”有人说，如果在互联网神童首次公开募股时就投资，赌客也能发财致富。个人致富的邀请函得到权威报道的支持：互联网是财运兴隆的喷泉。《商业周刊》（*Business Week*）1999 年 10 月宣告：“我们进入了互联网时代。结果：经济和生产力增长首先在美国爆发，其余各国将迅速跟上。”

21 世纪初，这一预测的调子又重新唱了起来，为其伴奏的是这样一种解释：为何以前的预测错误却可以很快实现。我们被告知，20 世纪 90 年代是互联网的开拓期，犯了一些严重的错误。但如今互联网进入了一个全面部署的阶段，正在成为一支经济转型的力量（Atkinson et al.，2010）。 *5*

这个预言式传统活力强劲，其核心理念是，互联网和数字传播正在使“新经济”崛起。这个理念形态不定、频频变异，又产生了一些议题。我们被告知，互联网提供了一种新的手段，它能把供应商、生产商和消费者更有效地联系起来，使生产力增长，经济发展。互联网是一种颠覆性技术，正在产生熊彼特式（Schumpeterian）的创新浪潮。它旨在促进新信息经济的发展，信息经济将要取代重工业，成为去工业化的西方社会的主要财富来源。

这种理论推导的核心有一个神秘的内核。它宣示，互联网正在改变竞争的条件，因为它正在建立对大公司和新企业都一视同仁的“平坦的游乐场”。如此，互联网旨在更新市场的活力，释放企业创新的旋风。它绕开现有的零售中介，创造新的市场机遇；它降低成本，使小批量生产者能满足全球市场里被忽略了的需求。我们还被告知，互联网有利于信息灵通的、横向的、灵活的网络企业，它们能迅速回应市场需求，不像动作迟钝的、自上而下的、福特主义的巨型企业那样。“小型”不仅意味着灵巧，而且在基于互联网的新经济中增强了力量。正如史蒂夫·乔布斯（Steve Jobs）1996 年所言，互联网是“不可思议的民主化力量”，因为“小公司也可能看上去像大公司，也可以在互联网上检索到……”（转引自 Ryan，2010：179）。

“新经济”的理念常常身披专家语言的外衣。为洞察其奥妙，似乎有必要学一些新词语：区分门户网站和垂直门户网站，区分互联网、内联网和外联网；学会“鼠标加水泥”（click-and-mortar）、“数据仓储”（data-warehousing）等模糊概念；熟悉无穷无尽的首字母缩略词：客户管理系统（CRM），增值网（VAN），企业资源计划（ERP），联机事务处理系统（OLTP），数据提取、转换和加载（ETL）等。为了成为了解未来的见习生，掌握一套全新的问答诀窍是必要之举。

因为互联网的经济冲击既是累积性的，又是不完全的，所以目前还难以对它进行十拿九稳的评估。不过，已经积累的证据足够我们得出一些谨慎的结论了。第一个结论是，互联网改变了经济的神经系统；数据的搜集，供应商、生产商和消费者的互动，市场的形貌，全球金融交易的数额和速度，企业内的传播性质都受到影响；产生了谷歌和亚马逊之类的大企业；推出了新的产品和服务。然而，互联网并不代表和过去的彻底决裂，因为互联网出世之前，企业已在普遍使用计算机，计算机之前亦有电子数据交换系统（如电传打字机和传真机）（Bar and Simard，2002）。

第二个结论是，互联网尚未被证明是一个财富的喷泉，投资者和公众沐浴着飞流直下的财富的那种景象并没有出现。1995 年和 2000 年之间，互联网公司的股市价值曾有过巨量的增长。但这是一定程度上的泡沫，就像后来的美国房地产泡沫一样，那是信贷扩张的虚火，就像 20 世纪 90 年代中期金融失去管制产生的信贷扩张造成的泡沫一样（Blodget，2008；Cassidy，2002）。金融刺激怂恿投资分析师，分析师又推荐互联网里一些不健康的投资（Wheale and Amin，2003）。这就使团体迷思得到强化，使人相信传统的投资标准不适合新经济，导致对网络可能会赢利的投机性赌博；其实，许多网络公司的商业计划考虑不周，不切实际（Valliere and Peterson，2004）。结果，互联网金矿被证明是傻瓜的黄金。大多数刚起步的网络公司尚未赢利就吸引了大量的投资，有些公司在不到两年里就烧掉了很多钱（Cellan-Jones，2001）。这些损失极其严重，是美国经济于 2001 年陷入衰退的原因之一。

有迹象清楚表明，到 21 世纪第一个 10 年的中期，互联网股票会出现另一个牛市。但 2007 年的信贷危机和 2008 年的金融崩溃抢先到来。在稽延日久（超过三年）的余波中，股票价格下跌；西方的实际收入走平或下跌，西方的经济增长急剧下滑。显然，互联网不是繁荣新时代的喷泉。

第三个结论是，“互联网经济”的价值也许被过度吹捧了。因此，哈佛商学院用工资收入法进行研究，得出的结论是：美国广告支持的互联网收入大约占 GDP 的 2%，如果考虑互联网对国内经济活动的间接贡献，其收入大约占 GDP 的 3%（Deighton and Quelch，2009）。另一种算法估计，欧洲企业对消费者的电子商务收入占 GDP 的 1.35%（Eskelsen et al.，2009）。另一方面，谷歌花钱做的一份积极鼓吹的咨询报告声称，2009 年互联网对英国 GDP 的贡献是 7%（Kalapese et al.，2010）。和 20 世纪 90 年代末期的预期相比，即使最后这个令人生疑的数字恐怕也算不上好了。

第四个结论是，互联网并没有使购物革命化。诚然，2007 年，40%的日本人、挪威人、韩国人、英国人、丹麦人和德国人曾在网上购物，但网上购物的匈牙利人、意大利人、波兰人、希腊人、墨西哥人和土耳其人还不到 10%（Atkinson et al.，2010：22)。即使在网上购物普及的国家里，在线购物的活动也集中在有限的产品和服务上。2007年，网上销售在英国只占到全部销售额的7%，在欧洲只占到全部销售额的4%（European Commission，2009)。英国2010年的可比数字是16%，显示出很大的增长，但这一结果在一定程度上是用另一种研究方法得出的（Atkinson et al.，2010)。

7

网上购物将会更加普及，因为互联网的接入将要增加，对购物安全的担心大概会下降。但消费者对网上购物的抗拒部分来自在真实世界中逛商店的乐趣，有人渴望立即拿到所购的商品，这一习惯可能会经久不衰。此外，网上购物在旅游和保险领域已经发展起来，而在汽车和食品销售上却没有发展起来，出现这一现象的原因之一便是，电子零售只在仓储和物流成本低的领域具有优势，这也是网上购物发展的一个更主要的障碍。

第五个同时也是更重要的结论是，互联网并没有创造一个对大公司和小企业一视同仁的“平坦的游乐场”。相信这个游乐场会到来，那仅仅是“新经济”命题兜售的福音；这个信念的核心是：互联网将产生创新和增长的高潮。[6]这一信条没有预料到中小企业难以深入外国市场。实际上，互联网作为进入国际市场工具的效用受到语言、文化知识、基础通信设施的质量和计算机普及程度的限制(Chrysostome and Rosson，2004)。更重要的是，新经济命题没有注意企业规模的经济优势。[7]大企业的预算规模大，融资比小企业容易；它们的经济规模较大，单位成本较低；经营范围更广，因为它们能够实现服务共享和交叉促销；拥有专家等各种资源开发新的产品和服务。而且，它们还瓦解资源较少者的竞争，手段是暂时降价，利用自己的营销和推销优势。此外，它们还想办法“购买业绩”，手段是并购前途看好的年轻企业——这是企业集团的标准战略。

在互联网时代，这就是大企业能够在互联网时代继续把持主要市场的原因，从汽车制造到日用杂货超市，莫不如此。实际上，在世界第一大经济体（美国）里，制造业企业的总数在1997年和2007年之间稳步增加，其中的四巨头占制造业进出口货物总额的50%（Foster et al.，2011：chart 1)。在1997年和2007年间，美国零售业的四巨头的股票价值的增长令人惊叹（Foster et al.，2011：table 1)。试举两例，在此期间，计算机和软件公司的四巨头的股票市值从35%飙升到73%。从更广阔的范围来看，美国前200强公司在1995年和2008年间的毛利也急剧飙升（Foster et al.，2011：chart 3)。

总之，小企业在互联网时代的胜利并没有发生，因为竞争仍然是不平等的。

企业巨人歌利亚继续压榨小企业大卫，因为大卫手里只有虚拟的投石器和小石子。

第二节　全球理解

8　20世纪90年代，人们普遍认为，互联网会促进全球社群更好的理解。共和党人弗恩·埃勒斯（Vern Ehlers，1995）说："互联网将造就一个明达、互动、宽容的世界公民共同体。"布拉肖瓦和科尔（Bulashova and Cole，1995）表示赞同："通信进步的产物——互联网必然会产生'丰厚的和平红利'，促进国家之间、人与人之间和不同文化之间更好的了解。"哈利·哈恩（Harley Hahn，1993）认为，一个主要的原因是，互联网不仅是一种全球传播的媒介，而且为普通人的交流提供了更多的机会，其功能胜过传统媒介。他断言："我看互联网是我们最美好的希望……因为世界终于成了一个全球共同体，每个人都和其他人友好相处。"许多论者提出的另一个理由是，相比传统媒介，互联网不那么受制于审查，更能容纳自由的、无拘无束的全球的公民对话。部分原因是，"人们将更多地了解地球上其他人的欲望，结果是：增进了解，培育宽容，最终促进世界和平"（Frances Cairncross，1997）。到21世纪初，互联网的全球送达、用户参与和自由等主题继续被论者视为论证的理由，他们认为，在日益和睦的氛围中，互联网将使世界结为一体。

这些言论被文化批评家打上了鲜明的学术印记。乔恩·斯特拉顿（Jon Stratton，1997：257）断言，互联网促进"文化全球化"和"高度的去地域化"（hyper deterritorialization），即所谓民族和地域纽带的放松。他的话符合久已扎根的文化研究传统，该传统认为，媒介全球化培育四海一家的全球主义（cosmopolitanism），促成向其他人和其他地方开放的胸怀。

政治批评家提出了一个类似的主张（Fraser，2007；Bohman，2004；Ugarteche，2007等）。他们的论点是，南希·弗雷泽（Nancy Fraser，2007：18－19）所谓的"传播基础设施的去民族化"以及"去集中化的互联网"的崛起使传播网互相联系，造就了对话和论辩的国际公共领域。从这个公共领域涌现出"跨国伦理"、"全球公共规范"和"国际公共舆论"。据说，这构成民众权力的新基础，足以使跨国的、经济的和政治的权力承担责任。在推进这一主张上，这些理论家的势头略有不同，比如弗雷泽（Fraser，2007）显然比较谨慎。他们的主张超乎标准的人文主义理解，人文主义者把互联网视为全球理解的助产士，而他们则把互联网视为建设新的进步的社会秩序的踏脚石。

这种理论思辨的主要弱点是，它对互联网影响的评估并不是建立在证据的基础上，而是建立在对互联网技术进行演绎的基础上。然而，唾手可得的信息告诉我们的却是另一个故事：互联网的影响不是按照技术指令的单一方向展开的。相反，其影响经过了社会结果和过程的过滤，这个过滤机制至少在七个方面限制了互联网推动全球理解的作用。 *9*

第一，世界很不平等，这就限制了以互联网为中介的全球对话的参与者的人数。不仅财富和资源存在巨大的差异，而且这些差异似乎还在扩大（Woolcock，2008；Torres，2008）。2000年，世界上最富有的2%的成年人占有全球财富的一半以上，1%最富有的人占有全球财富的40%（Davis et al.，2006）。世界人口中，财富值排在后50%的成人只拥有全球财富的1%。戴维斯等人指出，世界财富集中在北美、欧洲和高收入的亚太国家；这些国家里的人占有接近90%的全球财富。

世界上的富裕地区的上网率比贫困地区的高得多。77% 的北美人用互联网，61%的大洋洲人上网，58%的欧洲人上网（Internet World Stats，2010a）。在许多发展中国家里，互联网的普及率还不到富裕国家的1%（Wunnava and Leiter，2009：413）。贝洛克和迪米特洛瓦证明，人均收入会对互联网的普及率产生影响（Beilock and Dimitrova，2003）。他们发现，人均收入是最重要的决定因素，接下来的因素是基础设施和社会的开放度。[8]可见，经济的差距扭曲了互联网社群的构成。云纳瓦和雷特（Wunnava and Leiter，2009：414）的结论是："今天，欧洲和北美的人口只占世界人口的17.5%，却占有50%的互联网用户。"

随着时间的推移，这种情况会有所变化，因为穷国会变得富裕起来。但由于世界太不平等，即使是达到富国目前上网的水平，穷国也要花很长的时间。此间，互联网并没有使世界各国更加接近，它主要是使富国结成一个共同体。2011年，全世界的互联网用户只占世界总人口的30%（Internet World Stats，2011a）。世界上的大多数穷人并没有进入"相互理解"的魔力圈。

第二，世界被语言分割。大多数人只会说一种语言，所以他们在网上无法和外国人交流。最接近网络共同语言的是英语；但国际电信联盟（International Telecommunications Union，2010）的统计数字表明，世界人口中只有15%的人懂英语。互联网固然有使人接近的作用，但彼此难以对话的困境必然会限制互联网的作用。

第三，语言是权力的中介。相比而言，用英语说话和书写的人能和全球公众中的很大一部分交流。相比而言，操阿拉伯语的人只能和3%的潜在的互联网用户交流（Internet World Stats，2011b）。操马拉地语（Marathi）的人只能和占更 *10* 小比例的互联网用户交流，以至于只能用百分之零点几的数字来计量。在“全球理解的媒介”里，谁有机会使人听自己说话，取决于他们操的是什么语言。

第四，世界是被价值、信仰和利益冲突分割的。如此严重的冲突反映在诸多网站上，它们挑起而不是纾缓敌对情绪。因此，种族仇恨的团体成了网上的先驱；1985年，三K党党徒汤姆·梅茨格（Tom Metzger）建了一个网络留言板，他成了“白种雅利安人抵抗组织”的领袖（Gerstenfeld et al.，2003）。以此为源头，种族主义的网站纷纷出笼。雷蒙德·富兰克林（Raymond Franklin）列举的仇恨网站超过170页（Perry and Olsson，2009）。西蒙·维森塔尔中心（Simon Wiesenthal Centre，2011）介绍了14 000个论坛、博客、推特和其他网络信息源，发表了《数字恐怖和仇恨报告》（*Digital Terror and Hate*）。其中一些网站拥有很多用户，以“冲锋阵线”（Stormfront）为例，它是最早的只供白人使用的网站，2005年，它的活跃用户有52 566人（Daniels，2008：134）

对一些充满仇恨的网站进行详细研究以后所得出的结论是，它们用五花八门的办法维持并加强种族仇恨（Back，2001；Perry and Olsson，2009；Gerstenfeld et al.，2003）。种族仇恨网站培养集体身份感，使激进的种族主义者觉得他们自己并不孤立。有些网站不仅用一些特色栏目来培养团队的感觉，比如“雅利安人交友网页”，而且借助一些常规的内容，比如有关健康、健身、持家的论坛。有些网站的手腕很精明，它们的目标对象是儿童和年轻人，比如网络游戏和实用的帮助性网站。种族仇恨的团体越来越借重互联网，以建构国际的支持网络。当然，它们的主要内容旨在造成对抗和仇恨，一个典型的手腕是为“人口定时炸弹”敲响警钟，说混在他们中间的“异己人”出生率高。这些赛博空间的“白人堡垒”制造不和谐，他们的种族主义话语和种族主义暴力也是有联系的（Akdeniz，2009）。

仇恨网站说明了一个重要的问题：互联网喷涌出仇恨，酿成误解，使仇视积重难返。互联网固然是国际的和互动的，但这并不必然意味着，它鼓励“甜美和阳光”。实际上，有迹象表明，除了赚钱和洗钱，活跃的恐怖组织还用互联网招兵买马，扩大国际联系（Conway，2006；Hunt，2011；Freiburger，2008）。

第五，民族主义的文化在大多数社会里盘根错节，这就限制了互联网的国际主义性质。民族中心的文化是在千百年间建构的，受到传统媒介强有力的支持。如此，2007年，美国的网络电视用20%的时间报道国际新闻，与之类似的两个北欧国家用30%的时间报道外国新闻（Curran et al.，2009）。狭隘的新闻价值还形塑了这些国家和其他国家报纸的内容（Aalberg and Curran，2012）。

民族主义的文化传统形塑了网络内容。一项针对分布在四大洲的九个国家的主要网站进行的研究发现，这些网站主要报道国内新闻。实际上，一般来说，和主要的电视节目相比，新闻网站同样以国内新闻为中心，只是略次而已。[9]

民族文化还能影响网民的参与。以此观之，中国社会的民族主义很强烈。这是过去东西方帝国主义强加给它的羞辱产生的结果；另一个原因是，国家令人惊叹的经济成功激起了豪情；还有一个原因是，国家有意识地培养民族主义，以维护公众支持和社会凝聚力。强烈的民族主义见于中国网站上，表现在聊天室里，人们流露出对日本人的敌视，很少见到他们对日本人的谅解（Morozov，2011）。[10]

第六，威权主义的政府想出了管理互联网、吓唬批评者的办法。稍后我们将展开更充分的讨论。[11]这里只简单说，在世界很多地方，人们难以在无恐惧的情况下在网上互动并发表自己想说的意见。全球的互联网话语由于国家的恐吓和审查而遭到扭曲。

第七，不仅国际的不平等会扭曲网上的对话，国内的不平等也会扭曲网上的对话。这不仅是由于高收入的家庭接入互联网的比例高，低收入的家庭用互联网的少（Van Dijk，2005；Jansen，2010），更因为有文化资本的人拥有领先的优势。因此，2008年，国际电子杂志《开放的民主》（*openDemocracy*）的撰稿人有81%是精英。在其他方面，他们也不具备普遍的代表性：71%的撰稿人生活在欧洲/北美，72%的人是男性。在真实世界的语境里，精英的时间更多，其知识更丰富，其写作更流畅，男人比女人有更好的表现机会，所有这些因素都决定了谁最能侃侃而谈（Curran and Witschge，2010）。更常见的情况是，知名的博主都是英国、美国等地的精英人士。

简而言之，有人认为赛博空间自由、开放，不同背景和国家的人们能彼此交流，并能建构一个更加审慎和宽容的世界，但这个观点显然忽略了若干因素。世界不平等，使人难以彼此理解（本义的难以理解）；互相冲突的价值观和利益把世界撕裂；根深蒂固的民族文化和地域文化使世界分割，刻下了深深的沟壑；其他的身份节点比如宗教和族群性同样使世界分割开来；一些国家由威权主义政府统治。真实世界的种种情况渗透赛博空间，产生多种语言组成的巴别塔废墟：语言纷呈杂处，仇恨网站出笼，民族主义话语纷繁，言论的审查，优势者得到过多的表现机会。

然而，与之截然不同的力量也在影响社会的发展。移民潮涌，廉价的旅行，大规模的旅游业，全球市场的整合，娱乐的全球化——这一切都使人们国际联系的感觉得到提高。这些发展势头部分反映在互联网上。YouTube 展现全球共享的经验、趣味、音乐和幽默，促成"我们一体的感觉"（we-feeling）。比如，中国的小品就极其滑稽，欢声笑语压倒了令人震撼的字幕说明。[12] 互联网使吸引人的图像迅速传遍全球，加强了人们与困厄者休戚相关的感觉；地震遇难者也好，远方受镇压的示威者也好，都会引起人们的关注。互联网有潜力帮助我们建构一个更有聚合力、更相互谅解、更公平的世界。但变革的主要动力来自社会，而不是电脑芯片。

12

实现变革的关键途径是民主。已经发生的事情是否证明互联网能推广并振兴民主呢？

第三节　互联网与民主

常有人宣称，互联网结束了信息垄断，瓦解了独裁者的统治（如 Fukuyama，2002）。但他们提出这一预测时没有料到，互联网是可以被控制的。以沙特为例，互联网早在 1994 年就组建了，但公众对互联网的使用被推迟到了 1999 年。这就使政府有时间完善其审查布局，其控制手段包括把一切国际链接灌入国家控制的互联网服务局（Internet Services Unit）、对预判危险网站进行屏蔽以及由自愿者组成防卫力量（Boas，2006）。

在一般情况下，威权主义国家的互联网审查虽不全面，却也有效。实际上，一项对八国互联网的综合研究得出这样的结论："许多威权主义政权积极推进互联网的发展，以服务国家利益，而不是挑战国家利益。"（Kalathil and Boas，2003：3）我们将在下一章里看到，遭遇到有组织的抵抗时，许多威权主义政权的审查可能会土崩瓦解。但即使在这样的情况下，互联网也不是在"造成"抗拒，它只不过是在强化抗拒而已。

另一种预言是，互联网将形成一种新的民主形式，这种言论在 20 世纪 90 年代中期特别时髦。1995 年，劳伦斯·格罗斯曼（Lawrence Grossman）写道："不久，许多美国人将坐在家里或工作场所里，利用技术及终端、微处理器和小键盘表达意见，告诉政府应该做什么，议论国家大事了。”（Grossman，1995）这样的一景并没有出现，没有出现也好，因为网上的直接民主会剥夺那些不能上网的人的权利；在西方国家里，不能上网的穷人和老人的比例大得不协调。现已出现的“电子政府”通常的形式是要求公众发表意见，在官方网站进行评论、请愿或回应。这很有用，比如1997年，在英国网民对一条法案的回应中，30%来自个人，这比网络咨询开始以前的比例高得多（Coleman，1999）。然而，累积的证据表明，网上开展的公民与政府的对话一般有三大局限。公民录入的信息常常与真正的决策机制脱节；公民往往不参与这样的“对话”，部分原因就是这样的脱节；有时，“电子民主”只不过是单向的传播，政府提供并推销服务的信息（Slevin，2000；Chadwick，2006；Livingstone，2010）。总之，网络问政给民主运行加上了一点调料，却没有产生大不相同的结果。[13]

然而，早就有人说，互联网将以其他的方式振兴民主；公众有了前所未有的存取信息的能力，他们将能控制政府（Toffler and Toffler，1995）；互联网还能瓦解精英的政治控制。正如马克·波斯特（Mark Poster，2001：175）所言，互联网“赋予受排斥的群体以权力”。的确有人说，互联网将拓展社会群体的横向传播渠道，损害精英对一般公众的自上而下的传播渠道；有人希望，在这个勇敢的新世界里，草根阶层将开垦权力，启动“民主复兴”的时代（Agre，1994）。[14]

在美国有人说，互联网不再需要昂贵的电视广告和公司赞助，它能为草根驱动的政治创造条件，将美国引到新的方向。有些人认为，2008年的巴拉克·奥巴马就体现了这样的梦想。实际上，互联网的确帮助他在普通公民中募款，有助于他在2008年的初选和大选中获胜。[15]对于我们来说更值得注意的是，他是用新旧方法双管齐下打选战的。他的团队用2.359亿美元打电视广告，他得到了收费昂贵的专业人士的帮助。他的竞选团队获得了年度营销奖。为确保竞选资金，除了公民的捐款外，他不得不争取大企业的捐助（Curran，2011）。在造势活动中，奥巴马团队雇用了许多政界和金融界的内幕人士，他遵循的是自由派的议程，而不是激进派的议程。互联网并没有像人们预期的那样产生一种新的政治。

在西方国家，互联网也没有赋予许多低收入的家庭（与高收入者相比）新的力量。史密斯等人（Smith et al.，2009）发现，美国的优渥家庭政治上最活跃，这样的不平衡在网上行动主义（activism）的活动中得到了复制。与之类似，迪詹纳罗和达顿（Di Genarro and Dutton，2006）发现，英国的政治活跃人士往往来自地位较高的社会经济群体、文化水平较高的人和长者。参与网络政治活动的人更多的往往是富人和教育水平高的人，年轻人较多。迪詹纳罗和达顿的结论是，互联网似乎在推进政治上的排他性，而不是政治上的包容。

低收入的人群不太积极参与网上政治，原因是互联网服务要花钱。深入发现的另一个原因是政治上的不满情绪。在对 22 个国家的研究中，弗雷德里克·索尔特（Frederick Solt，2008）发现，经济不平等压抑了政治兴趣、政治讨论和投票，唯独富人有热情。在很不平等的社会里（比如美国），条件优渥的人有强烈的动机参与政治，因为他们深受其惠。相比而言，弱势者没有多少理由去参与政治，因为他们即使参与了也得不到多少好处。因此，索尔特认为，低参与率一定程度上是对低影响力的合理回应——这些弱势者缺乏政治影响力。他指出，广泛的研究的确证明，富裕群体和权势群体对公共政治的影响力大得不成比例，美国和其他国家都是如此。

贫穷还在其他方面使人被边缘化并失去动力。英国贫困、参与和权力研究委员会（UK Commission on Poverty，Participation and Power，2004：4）指出，反复受贫穷伤害、不受尊重的经历使穷人产生无能为力的感觉；“长期的贫困使人觉得，任何改变都是不可能的。”露丝·李斯特（Ruth Lister，2004）也指出，低收入者往往接受贫困的单一解释，倾向于寻求单一的解决办法，而不是团队的、政治的解决办法。多种研究还反复显示，由于早期生活中的社会化影响，英国贫困家庭的儿童期望值低，信心和对于权利的感觉被削弱（Hirsch，2007；Sutton et al.，2007；Horgan，2007）。互联网技术“赋权”的论调常常忽视了互联网在真实世界里影响强大，常常让人失去权利。

诚然，互联网把一个廉价的传播工具交到公民的手里，但低成本传播的能力不应该和被人聆听画上等号。[16]行动主义群体发现，他们难以引起主流媒体的注意（Fenton，2010b）。他们在网上说的话有可能消失得无影无踪。这是因为，他们的言论在搜索结果的排序中位置很低。海因德曼（Hindman，2009：14）真诚地指出，互联网并没有“消弭政治生活中的排他性：相反，它把排他的栅门从生产转向政治信息的过滤”。行动主义群体还面临另一个问题：公众的政治兴趣是有限的。38%的人上网仅仅是为了“好玩”、“消磨时间”，只有 25%的网民说他们上网是去看政治新闻或搜寻政治信息（Pew，2009a）。

然而，互联网是行动主义者之间非常有效的交流方式。短时间内，互联网使他们建立联系，方便互动，动员起来在一个地点会合。结果是其行动引起媒体和公众的注意。

2010 年 10 月，十来个行动主义者在伦敦北部的一家酒吧碰头，决定建一个博客“英国反避税运动”（UK Uncut）。在很短的时间内，他们把企业避税的信息送上了公共议程。第一招是抗议沃达丰（Vodafone）公司，抗议它从退税中得到的好处，讽刺性漫画杂志《私窥眼》（*Private Eye*）也对该公司进行揭露。接着掀起的抗议还指名道姓地揭露其他大公司在公共开支削减的情况下还在避税。2001 年年初，这个抗议团队组织了“宣讲会”（teach-ins），抗议濒临破产的银行获得政府贷款并给银行高管颁发高额津贴。他们的抗议口号是“银行自救”（bail-in）。在 6 个月之内，这个运动挤进了广播电视节目，主要的大报也为它发了 40 来篇特稿。[17]如果没有互联网，这个群体不可能拥有那么大的冲击力。

“英国反避税运动”有一个“推手”，那就是公众义愤的潜流。而下面这个例子则反映了互联网也可以将那些与国民情绪不一致的声音聚拢到一起。“网络公民行动”网站（MoveOn）是“9・11”以后在美国兴起的反军事主义运动。访谈和观察显示，在“9・11”以后令人胆寒的爱国主义浪潮中，匿名制为持异见者提供了一个安全的避风港。这场网络运动使思想类似的同情者相互接触，使扶手椅上的清谈者成为政治行动的积极参与者。互联网使其迅速发展，该运动从 2001 年的 50 万美国成员增长到 2003 年 12 月的 3 000 万成员（Rohlinger and Brown，2008）。就运动的目标而言，该运动不太成功，但它还是动员并维持了发表异见的平台。

如果说互联网的民主用途之一是使行动主义者建立联系，它的另一个用途就是向消费者的权力发出“盲目的”诉求。20 世纪 90 年代，借助互联网的反耐克（Nike）运动兴起，其根据是，耐克耗巨资聘用的培训师实际上是工人们养活的，而这些工人们工作时间长，工作环境不安全，工资却只能糊口。公司回应说，它不对工厂的工作条件负责，因为工厂并不直属于耐克。在公众的压力下，耐克在 2001 年转变立场，向公众保证，如果承包商是不良雇主，它要用“杠杆”向承包商施压。如此，这个运动就将其重点转向评估耐克是否兑现了承诺（Bennett，2003）。

与之类似，英国的兼职音乐主持人乔恩・莫特（Jon Morter）及其朋友决定抗议对流行音乐的商业化操纵。他们抨击的目标是媒体对电视选秀节目“X Factor”进行铺天盖地的饱和式报道，该节目的赢家总是被放在圣诞节音乐排行榜之首。通过 Facebook 和 Twitter，他们为乐队“暴力反抗机器”（Rage Against

The Machine）发起了反击，“我操，我才不听你的”，这就是他们为圣诞节选中的单曲。反击成功，得到名人支持，媒体也进行了大量的宣传报道。这首抗议单曲在2009年圣诞节的排名中夺魁。这是对商业控制的集体泄愤。

互联网还能使公民追究媒体的责任。因此，我们看见人们经常说起特伦特·洛特（Trent Lott）的故事。2002年，重量级的共和党参议员特伦特·洛特在一次讲话中，以怀旧的情绪说起过去的种族隔离政策，引起公愤，主流媒体的报道却不给力。于是，博客世界发起了愤怒的抗议和谴责。博主们的抗议得到了《纽约时报》专栏作家保罗·克鲁格曼（Paul Krugman）的支持。几大电视网跟进调查并发现，洛特过去就发表过类似的言论。在接下来的政治喧闹中，特伦特·洛特被迫辞去参议院多数党领袖的职位。通过互联网，个人——其中包括共和党人和民主党人成功挑战了传统的新闻价值，挑战了政治上可接受的默契的边界（Scott，2004）。

尤为重要的是，互联网更好的通达性使之成为有效的协调工具，不同国家的非政府组织借此协调行动。早期的例子是1992年发动的国际禁止地雷运动（International Campaign to Ban Land Mines）。发起人乔迪·威廉斯（Jody Williams）到尼加拉瓜造访时，意识到残留的地雷会给人造成可怕的伤害。于是，她在美国开展了一场教育运动，可惜收效甚微。了解到世界各地有许多反地雷的组织以后，她得出结论：推进运动的办法是凭借互联网、电话和传真把这些组织联系起来，她和同事们与700个反地雷组织协调行动，呼吁签署一个国际公约。1997年，他们的努力有了回报，120个国家签署了禁止地雷公约，她也因此荣获1997年诺贝尔和平奖（Klotz，2004；Price，1998）。不过美国和中国尚未签署这一公约。

与之类似的是1997年互联网上掀起的抗议多边投资协定（Multilateral Agreement on Investments）的运动。彼时，这个协定正准备交由经济合作与发展组织（OECD）批准。世界各地的进步主义的行动主义者（progressive activist）用电子邮件发出警报：多边投资协定压低有关劳工、人权、环境和消费者的制度规定。非政府组织的鼓动使法国社会党政府接受了他们的主张；抗议这一协定的主张获得成功，法国政府公开赞扬这一场运动（Smith and Smythe，2004）。随后，西雅图发生了大规模抗议世界贸易组织会议的示威（1999），热那亚爆发了抗议G8峰会的运动（2001），这些运动都得互联网之便（Juris，2005）。以上两次抗议都有暴力冲突，但在苏格兰的格伦伊格尔斯（Gleneagles）举行的G8峰会期间只有和平的抗议，因为会议宣告削减穷国的债务（2005）。不过，有些减债承诺实际上并没有兑现。

这样一些案例使人难以置疑互联网加强了政治行动的有效性。然而，尽管研究者们对这种案例研究的议程进行了精心的选择，互联网本身并没有特别左倾的色彩。事实上，美国保守派在网络上比自由派更有组织（Hill and Hughes，1998），在右翼茶党运动（Tea Party Movement）的兴起中，互联网似乎发挥了重要的作用（Thompson，2010）。

17

持不同信仰的人使用互联网，这就加固了民主的基础。但这一正面的输入被宏观政治环境的负面趋势抵消了。20 世纪 80 年代以来，企业和国家的公关投入都有了巨额的增长（Davis，2002；Dinan and Miller，2007）。同时出现的一个倾向是民粹主义政治，给这一倾向推波助澜的是焦点小组（focus group）、非中立机构的民意调查和政治顾问（Crouch，2003；Marquand，2008；Davis，2010 等）。与此同时，许多国家的政党空心化，党员人数减少；西尔维奥·贝卢斯科尼（Silvio Berlusconi）成功组建力量党（Forza Italia），这个党员很少的“弹性党”几乎就是对空心化趋势的讽刺（Ginsborg，2004；Lane，2004）。这些动态促成了政权集中化趋势的发展。

互联网协调国际政治抗议的作用必须放进恰当的视角中去考察。全球治理系统的发展与上升之中的新自由主义秩序密切相关（Sklair，2002）。相对而言，主要的国际组织比如世贸组织和国际货币基金组织不必对自己的举措负责（Stiglitz，2002）。如彼得·达赫格伦（Peter Dahlgren，2005）所示，“建基于民主的、对国际决策有约束力的机制很少。”互联网激发的国际力量相对薄弱，有影响的全球政策很少有人接受。

至少和中介机制与全球治理结构相比而言，最容易接受民主影响的公共制度是民族国家。然而，由于全球金融市场失去管制和移动的跨国公司兴起，民族国家不再那么有效。这就削弱了民族国家里选民的力量（Curran，2002）。

总之，互联网使行动主义的力量加强。然而，政治不满随处可见，政治操弄日益加重，全球秩序难以追究责任，选民的力量削弱；在这样的语境下，互联网并没有使民主振兴。[18]

第四节　新闻业的复兴

鲁珀特·默多克（Rupert Murdoch）认为，互联网是民主化的新闻媒体。他宣称："权力正在离开我们报业的老牌精英；编辑和高管都要面对这一现实，我们的权力正在转向博客、社交媒体和消费者，他们直接从网上下载自己需要的新闻。"（Murdoch，2006）英国著名的博客人圭多·福克斯（Guido Fawkes）声称："由少数垄断性的媒体集团自上而下地、福特主义式地决定新闻内容的时代已经结束了……大型媒体的力量将被削弱，因为技术发展降低了传播的费用。"（Beckett 转引自 Fawkes，2008：108）激进的律师尤查·本科勒（Yochai Ben-kler，2006）也同意说，新闻业垄断性的产业模式正在让位于多元主义的网络模式，即营利和非营利、个人和组织的新闻实践混杂的模式。激进的新闻史学家约翰·尼罗恩（John Nerone）则更进一步地宣告，报业旧王朝已成历史。他哈哈大笑说："旧秩序死亡唯一令人惋惜的是，它不复存在，使我们再也不能在它头上拉屎拉尿了。"（Nerone，2009：355）许多评论家，从左翼到右翼，还包括新闻业领袖、公民记者和学术专家，都得出相同的结论：互联网正在结束媒体大亨和新闻大企业的控制。

18

和这一欢快评论相关的第二个主题是，互联网将导致新闻业以一个更好的形式走向复兴。菲利普·埃尔默-德维特（Philip Elmer-Dewitt，1994）称，互联网将是"新闻业的终极解放，因为只要有一台电脑和一个调制解调器，任何人都能成为记者、编辑和出品人——他可以向世界各地数以百万计的读者传播新闻和观点"。这一预见的一个看法是，传统媒体在很大程度上正在被市民记者取代，他们将产出"回到基础、回到市民中的杰斐逊[①]式的会话"（Mallery cited Schwartz，1994）。另一种愿景是，专业记者与热情的自愿者携手，使新闻业重振雄风（Beckett，2008；Deuze，2009）。这个观点是新闻业由衷的憧憬。汤姆森路透集团（Thomson Reuters）的总裁克里斯·阿哈恩（Chris Ahearn）宣告："新闻业将会繁荣，因为创新者和出版人拥抱新技术协同的力量，接受革新生产和分配的战略，我们不再试图什么事情都一把抓。"（Ahearn，2009）

传统的新闻控制者被拉下马，新闻业得以复兴，这是上述预测的两大核心主题。至少从表面上看，这一预测的某些要素正在成为现实。在某些情况下，公民记者产生了一些影响。如此，在 2009 年德黑兰的一次示威中，有旁观者用照相机抓拍了纳达·索尔顿（Nada Soltan）被杀的镜头；还有人抓拍了伊恩·汤姆林

① 托马斯·杰斐逊（Thomas Jefferson，1743—1826），美国政治家、第三任总统，《独立宣言》的起草人之一。——译者注（后同，不一一标注）

森（Ian Tomlinson）在伦敦的示威中被害的镜头，这些素材被新闻媒体采用，传遍世界。与此相似，2011 年参与者拍摄的中东起义镜头以及镇压起义的镜头也被多家新闻机构广泛地采用了。

自我传播（self-communication）也汹涌澎湃。2010 年，约 14%的美国成人在写博客（Zickuhr，2010）。同时，社交媒体的增长也蔚为壮观（Nielsen，2010），虽然其内容大多数与新闻无关。此外，网络上新的独立出版物比如《赫芬顿邮报》（*Huffington Post*）[19]、《政治》（*Politico*）杂志和《开放民主》杂志也各有特色。

但有关新千年死亡和重生的预言纯粹是胡思乱想。认为旧秩序依然故我的理由是，电视在许多国家里仍然是最重要的新闻来源。在英国、法国、德国、意大利、美国和日本六国所做的调查中，大多数接受问卷调查的人都说，他们依靠电视而不是互联网来知晓国内新闻（Ofcom，2010b）。 *19*

更重要的是，主要的新闻组织在赛博空间的新闻领域建立了自己的领地。为了预先制止竞争，它们建立了自己的卫星新闻网。这些网站很快就占据了主导地位，因为它们得到了强大的交叉扶持支持；它们可以使用多个新闻采集源，也能利用强大的母公司的威望。皮尤研究中心（Pew，2011）发现，互联网 80%的新闻和信息流向集中在排名前 7% 的网站上。大多数网站（67%）受互联网时代之前的“遗留下来的”新闻组织控制。另有 13%的新闻和信息是由内容聚合网站提供的。在这些顶级的网站中，仅有 14%的网站只靠网上运营来生产大多数原生的报道内容。

换句话说，互联网的崛起并没有使主要的新闻组织土崩瓦解。相反，互联网使它们拓展了跨技术霸权。具体地说，在 2010—2011 年度世界上访问量排名前十位的新闻网站中，只有一个是独立的网报（《赫芬顿邮报》）；其余九个网站是互联网出现之前就已经领先的新闻媒体，比如《纽约时报》和新华社（Guardian，2011）。2011 年 3 月，美国排名前十的新闻网站中只有一个独立的网络媒体——《赫芬顿邮报》，剩下的是四家电视台网站、三家报纸网站和两个内容聚合网站（Moos，2011）。在英国，2011 年排名前十的新闻网站中没有一家是独立的网上媒体：所有顶级的位置都被领先的“遗留下来的”电视、报纸和内容集成商占据了（Nielsen，2011）。

内容聚合网站一般不突出不知名的新闻源头。乔安娜·雷登（Joanna Redden）和塔玛拉·维茨格（Tamara Witschge）（2010）检视了谷歌和雅虎，就五大公共事务进行搜索，结果发现，“第一页上没有一个源头是五大网站之外的新闻源”。他们指出，这样的优先排序很重要，因为第一页比后续的页码更容易被用做抽样的素材。雷登和维茨格还发现，谷歌和雅虎往往优先处理主要的新闻供应商，产生使它们占优的结果。

领先的新闻品牌捍卫了自己的垄断地位，挑战者的虚弱又有助于它们垄断地位的巩固。独立的网络新闻风险商没能拓展出有效运作的业务。它们中的大多数发现难以打下用户订购的基础，因为公众习惯自由获取互联网的内容。一般地说，独立的新闻网站只能吸引少量的受众，所以它们获取的广告回报很少。皮尤研究中心的一个报告（2009b）的结论是，“尽管热情洋溢、工作不错，但是独立的新闻网站很少赢利，甚至难以为继。”与此类似，2009 年《哥伦比亚新闻评论》（*Columbia Journalism Review*）的一份报告得出这样的结论：“很少一部分网上的新闻组织可以靠网上的收入来维持”（Downie and Schudson，2010）。它们常常出现资源稀缺的问题，最紧迫的要务是维持生存。

20

互联网也没有把博客大军组合成庞大的受众。以英国为例，2008 年，79%的互联网用户在过去的三个月里一条博客都没有读过（ONS，2008）。大多数博主没有时间去调查新闻故事。他们是业余爱好者，需要每天照常上班维持生活（Couldry，2010）。这使他们吸引大批受众的能力大大减弱。

有人说，互联网使新闻的品质有所改进。这样的说法有道理吗？乍一看，它似乎很有说服力。毕竟，有了互联网，记者就能很快获取更多的信息，选择新闻源的范围更广，这使他们更容易核实新闻，更容易表达不同的观点，还更容易从受众那里得到反馈和信息输入。

然而，这种乐观的期望没有考虑到失去广告造成的严重后果。在经济发达的国家里，互联网的受众很多，收费很少，它善于瞄准具体的消费者，因此其搜索功能是广告收入的最大门类。互联网广告起步时比较慢，稍后就力量增大，并使电视和报纸蒙受损失。在美国，互联网广告于 2010 年超过报纸广告，此前还超过了有线电视上的广告（Gobry，2011）。在英国，2010 年的互联网广告收入（占 25%）比报纸广告收入（占 18%）多（Nielsen，2011）。广告收入再分配的格局最戏剧性地表现在分类广告上。在英国，互联网在分类广告上的收入从 2000 年的 2%增加到 2008 年的 45%。相反，地方报纸的分类广告收入从 47%降到 26%。在同一时期，全国性报纸的分类广告收入从 14%降到 6%（Office of Fair Trading，2009）。

广告的损失导致了媒体的倒闭和收缩。在英国，从 2008 年 1 月到 2009 年 9 月，101 家地方报纸关门大吉。[20]在美国，《基督教科学箴言报》（*Christian Science Monitor*）等几家大报停止发行纸媒版。美国的许多地方频道不再播出地方新闻，英国的主要商业电视网 ITV 想要停播地方新闻。在 2000 年到 2009 年间，美国在职的新闻记者减少了 26%（Pew，2011）；在英国，同期在职的新闻记者减少了 27%，2001 年到 2010 年间在职的新闻记者减少了 33%（Nel，2010）。新闻的预算被砍了，结果就连美国大都会日报和电视网的新闻都被迫节约，砍掉了成本高昂的调查性新闻和外国新闻。

英国新闻业一项重要的研究报告得出了这样的结论：比较深刻且有说服力的退化正在发生，与之形成鲜明对比的是对新闻业再振兴的高调预测（Fenton，2010a；Lee-Wright et al.，2011）。报告发现，记者人数减少，媒体却被人们期待生产更多的内容，结果就产生新闻编辑室闭门造车的冗余信息、在线新闻和离线新闻的整合以及需要 24 小时更新新闻的新闻周期。这就鼓励记者更依赖经受了考验的主流媒体新闻源头，将其视为提高新闻产量的办法。同时，这意味着助长利用竞争对手的新闻、搭便车增加新闻产量的手段，甚至到了原封不动地照搬别人的新闻框架、引语和图片的地步。资源减少助长了越来越依靠剪刀加糨糊、闭门造车的倾向。根据一份阿根廷人的研究可以判定，其他地方也出现了极为类似的倾向（Boczkowski，2009）。 *21*

简而言之，主要的新闻媒体巩固了自己的优势，因为它们拥有在新闻的生产和消费中发号施令的地位，主宰着线上新闻和离线新闻两个领域。此外，互联网作为广告中介的崛起导致了新闻预算减少、写稿时间紧迫，有时还引起主流新闻质量的下降。质量下降的趋势并未被独立新闻媒体的兴起抵消，因为它们多半都规模太小、火力太小，不能发挥救援的作用。

尽管这样说，各国的情况还是千差万别。比如，互联网上的公民新闻在英国相当失败，在韩国却大获成功。我们需要更仔细地考察这样的差异，至少它说明外部语境影响着互联网的冲击力。

第五节　不同的语境产生不同的结果

在世纪之交，英国几乎没有激进政治和文化变革的需求。2002 年大选的投票率为有史以来最低，说明公众对政治不满（Couldry et al.，2007）。工党政府走新自由主义之路，2003 年决定参加美国主导的伊拉克入侵，左翼因而迷失方向。以年轻人为基础的文化反叛已是 25 年前发生的事情，成了历史。所以，2001 年“开放民主”网站起步时，英国处在一个相对瓶颈的时期，变革之风已经在英国销声匿迹。而且，这个网站是国际性的，只是一定程度上和英国相联。该网站拥有一笔基金支持，其核心团队十分能干，又有一个高明的撰稿人网络，于是就成为英国主要的电子杂志网站。2005 年，它的访客平均每个月达到 441 000 人，但随后迅速减少。2007 年该网站陷入经济危机，此后再也不能完全恢复到最佳状态了（Curran and Witschge，2010）。

与此形成鲜明对比的是，韩国高压锅式的民怨积累要求激进的政治和文化变革。1960 年，创建议会制民主的尝试夭折，很快被军事政变颠覆。然而，在后来，民主的声势越来越大，终于在 1987 年实现了重大的宪政改革。1992 年，民选总统产生，为进一步的自由化开辟了道路。20 世纪 90 年代公民社会组织在 80 年代翻倍的基础上又增加了一倍（Kim and Hamilton，2006：553，table 5）。媒体争取独立自主、不受政府控制的运动长年不断，并得到越来越多的记者的支持（Park et al.，2000）。公众抨击大企业与政府的勾结，抨击 1997—1998 年亚洲金融危机之后的新自由主义政策，反对不负责任的大批美军的长期存在。卢武铉（Moo-hyun Roh）代表了这个声势日增的对抗高潮，他 2002 年当选总统。激进的政治浪潮汹涌澎湃，反对顺从威权主义的文化反叛与之呼应。

2000 年创建的“我的新闻”网站（OhmyNews）成为年轻一代政治抗议的焦点。[21]这个网站有别于三大全国性日报，后者都认同体制，与体制内使得卢武铉当选总统的政治动员结盟。“我的新闻”成为文化异见的载体，发表不顺从儒家礼制和服从原则的观点。

在这样的情况下，“我的新闻”网站像腾空的气球。创建者是年轻的激进记者，名叫吴延浩（Yeon Ho Oh）。网站的启动资金只有 85 000 美元，只有 4 人打理网站，727 名“公民记者”自愿帮忙（Kim and Hamilto，2006）。注册的公民记者逐年增加，2001 年为 14 000 人，2002 年为 20 000 人，2003 年达 30 000 人，2004 年达 34 000 人。2004 年，核心的工作人员为 60 人，其中的全职记者为 35 人。随着志愿者的增加，读者的人数也出现了飞速增长。一家独立调查公司估计，“我的新闻”网站 2004 年平均每月的访客多达 220 万人。赢得大量富裕的年轻用户以后，资金短缺这个困扰网络出版的永恒问题就迎刃而解了。2003 年，该网站开始赢利，因为它吸引了相当多的网络广告。与之相比，捐助和自愿订阅的收入始终比较少，比该杂志的纸媒版不多的收益还要少得多（Kim and Hamilton，2006：548，table 1）。

“我的新闻”“革新”了新闻，善于利用专业机制和业余记者提供的信息。在21世纪第一个十年的中期，它的专业记者登录发帖只占网站内容的20%。然而，他们从“公民记者”所发帖子里挑选和编辑的文章却放在网站上的重要栏目中，文章的两侧留下供读者回应的空间，网站还开辟了不同议题的聊天室。如果文章被网站的重要栏目采用，公民记者可以得到象征性的报酬，无报酬的、未编辑的文章也被放进网站的“薪火”栏目中。网站的运行由专业人士和公民记者代表组成的委员会监管。到2004年，网站每天发表150至200篇文章，实际上成了一张网络版的“日报”。

这是非凡的成就：吸引了自愿者，培育了大批受众，拥有了偿付能力，影响了公共生活。之所以如此，那是因为网站背后支持的力量逐步增强。然而，这种增长的势头由于人们对卢武铉政府不满势头的上升而下滑。预期中的各项改革要么没有实施，要么在政界和商界的反对下半途夭折。卢武铉监管之下的韩国经济不尽如人意。在2007年的总统选举中，保守派（大国家党）候选人在一次民意调查中以微弱优势胜出。2009年，面对受贿和腐败的指控，卢武铉自杀身亡。 23

由于和“失败的”总统过从甚密，再加上左翼的衰落，“我的新闻”遭受了挫折。新网站如雨后春笋般出现，它不再是文化异见人士唯一的自然家园。同样显而易见的是，其志愿者成分单一：2005年，注册的志愿者集中在首尔地区，几乎全在44岁以下，77%是男性（Joyce，2007：‘exhibit’2）。2006年，“我的新闻”网站再也没能赢利，财务越来越拮据。其光荣岁月似乎已成历史。

事后看来，新技术是“我的新闻”网站成功的关键所在，因为新技术使成本降低，方便志愿者投稿，使网上的互动生动活泼。但如果没有当时强劲有力的大气候，它绝不可能那样轻松起飞。当那场东风减弱时，“我的新闻”就失去了发展的动力。

外部语境对互联网很重要，它既能发挥互联网技术的潜能，也能妨碍其潜能的发挥。我们可以用另一种方式来看看外部语境的重要性。当“我的新闻”2006年在日本推出时，其资源相当丰厚，因为它和一家通信企业合资。但日本社会是一个意见相当一致的公司型社会，不会给新的风险企业提供发展的沃土。“我的新闻·日本版”难以寻觅素养好又对现实不满的记者，其偏重专业的员工和投稿的志愿者发生冲突（志愿者反对编辑大肆改稿）。这个日本版的浏览量很少，自愿投稿者不到韩国投稿人的一成（Joyce，2007）。为了自救，网站以柔性的生活方式为焦点，但收效甚微。2008 年，“我的新闻·日本版”关闭；它一开始就受挫，和它的姐妹版形成鲜明对比。

“我的新闻”还在 2004 年开办了英语国际版。和日本版相似，英语版缺乏国内版那种政治动力的支撑。“我的新闻·国际版”吸引到的投稿人和用户相当少。这使其质量大打折扣，表现为质量起伏不定、世界各地的新闻和议题不平衡，它还深受财务问题的困扰，似乎不太可能解套（Dencik，2011）。

第六节　授权与削权

语境的重要性还可以用另一种方式来说明，那就是将两个国家进行比较。乍一看，马来西亚和新加坡十分相似。它们是威权型的民主国家，执政党自独立以来始终在位。两个国家都实施自由主义的法规，包括对传统媒体进行许可证管理，以及公民社会组织每年需进行核准。但它们的互联网政策都相当宽松，目的是推进经济现代化。从理念上讲，新加坡的互联网政策更加严格，因为它颁布正式的互联网执照，不过，其互联网的实际运行和马来西亚几乎没有区别。

24

互联网在新加坡的普及胜过马来西亚。2011 年，77%的新加坡居民使用互联网，而马来西亚的网民却只有 59%（Internet World Stats，2011b）。这可能会使我们得出以下结论：相当自由的互联网崛起以后，新加坡民众所获的授权可能会比较多，而马来西亚民众所获的授权可能要少一些。实际情况刚好相反，因为两国的政治环境很不相同。

马来西亚统治精英的凝聚力不如新加坡。马来西亚由多党的联合政府治理，而政党之间存在持久的紧张关系。由于经济政策上的长期不和，总理穆罕默德·马哈蒂尔（Mohamad Mahathir）把矛头对准副总理易卜拉欣·安瓦尔（Ibrahim Anwar），致使联合政府运转不灵。安瓦尔被解除职务，被警察殴打，锒铛入狱，罪名是腐败和鸡奸，但人们普遍怀疑这是莫须有的罪名。结果酿成 1998 年烈火莫熄（*reformasi*）运动，在政治体制内外，这场运动都赢得了支持（Sani，2009）。

马来西亚的公民社会比新加坡发达（George，2007）。马来西亚的公民社会含有活跃的民权、宪政改革的诉求，还有重要的穆斯林团体。在 20 世纪 90 年代，政治反对派越来越直言不讳，因为在 1997 年至 1998 年的经济危机中，马来西亚遭到的冲击比新加坡严重，稽延的时间也比较长。有迹象表明，伊斯兰宗教激进主义的猛虎可能要脱离政府的控制，而新加坡就没有类似的猛虎。

在这样的背景下，互联网在马来西亚成为发表异见和批评的主要场所，而且这个空间日益重要。公民社会团体创建独立网站；新闻界中持不同政见的少数派存活下来，也发展出了网络形式。到21世纪第一个十年的中期，互联网行动分子组织起来，建立了强有力的联系；新加坡就没有这样的网络行动。切里安·乔治（Cherian George，2005）发现，马来西亚的这些网站经常更新内容，资源丰富，批判火力猛，受众很多；在以上方面，它们都比新加坡的同类网站强。

马来西亚的政治网站赢得了越来越多的受众，部分原因是主流媒体受到质疑。反对派势力增长（尽管可能不是持续性的），独立网站成了公众批评的重要场所。反过来，拥护执政集团的势力遭到了越来越严重的侵蚀（Kenyon，2010）。2008年，新组建的反对派联合阵线所获甚丰，在联邦下院赢得了接近37%的席位。自1957年独立以来，执政的联合阵线不再占三分之二的多数。

相比而言，新加坡不是由多党联合执政，而是由一个团结的政党（人民行动党）执政。反对派所获支持很少，通常只能赢得少数议席。支撑执政党控制权的不仅是一些强制性的法律，还有一个支配性极强的国家意识形态：强调亚洲价值、公共道德和社会和谐（Worthington，2003；Rodan，2004；George，2007）。给这种统治权提供支撑的还有这个城市国家经济上的成功，经济成功促使人们从实用主义的角度去接受这个政权。统治精英对新加坡社会的控制非常彻底，互联网用做异见空间的功能在很大程度上就被抵消了（Ibrahim，2006）。安德鲁·凯尼恩（Andrew Kenyon，2010）对澳大利亚、马来西亚和新加坡这三个国家的批评性报道做了比较研究，但实际上，他不得不省略新加坡互联网上的内容，因为那里批评性文章太少，形成不了一个充足的样本。[22]

25

简而言之，大范围的政治语境促成了互联网在马来西亚的发展，使之成为表达异见的工具，但在新加坡，它成了一种同化和控制的工具。这证明了我们的结论：不同的语境产生不同的结果。而以互联网技术为焦点的、大而无当的理论不断重复，使这个结论变得模糊不清。

注释

[1] 衷心感谢乔安娜·雷登在第一章和第二章研究和撰写中提供的帮助。同时由衷感谢尼克·库尔德利（Nick Couldry）在审读第一章和第二章初稿时所做的中肯的批评。

[2] 哈佛参考文献注释体系把许多引文句子间的关系变得互相抵触，令人生厌。在本章第一段里，我们一个主题只引一篇文献，以便读者检索。本章稍后将列举这些观点的大量例证。

[3] 本书的核心主题在1993年《纽约客》（*New Yorker*）的一幅漫画中已有预示。漫画画的是一只狗坐在计算机前，文字说明是："在互联网上，谁也不知道你是只狗。"

[4] 谢丽·特克尔没有发生180度大转弯，因为她在乐观和悲观阶段所写的东西都是有限定条件的。

[5] 我们和文森特·莫斯可（Vincent Mosco，2005）的路径不同。他审视有关互联网预言的话语，展示产生这些话语的预设和语境。所以他把这些预言说成是"迷思"，却没有做实证调查去说明这些预言是对还是错。我们和安德森（Anderson，2005）的路径也不同，他偏向于从历史的角度去描绘有关互联网的预言。

[6] 顺便应该指出，这个主题下的一个次一级主题是，凡是在结构和营运方面都充分利用了互联网的互动性公司，都会在新经济中成功。因此，卡斯特（Castells，2001：68）说思科公司的操作系统是"网络商务的先驱，是新经济的典范"，体现了其活力。然而，在2000—2001年度，思科公司的股票下跌了78%，公司裁员8 500人。2011年，它再次宣告大规模裁员，其CEO约翰·钱伯斯（John Chambers）写道："我们使投资人失望，我们的员工感到迷惘。基本上，我们失去了……信誉基础上的成功。我们要赢回我们的声誉。"（Solaria Sun，2011）思科公司过山车式的历史突出说明了一个简单的道理：驾轻就熟地利用新传播技术仅仅是经济成功的众多因素之一。

26 [7] 有关这个问题的文献汗牛充栋。有用的入门介绍有：Porter（2008a，b）；Dranove and Schaefer（2010）以及Ghoshal（1992）。

[8] 福克斯（Fuchs，2009）进行了类似的但略有不同的分析，他强调，国家内部的不平等现象、民主水平、都市化水平是影响互联网使用情况的变数。

[9] 这是欧洲科学研究理事会（European Science Research Council）资助的比较研究，研究报告在2012年发布。

[10] 民族文化能形塑网络和互联网的使用情况，本书第二章将予以进一步介绍（第57页①）。

① 指英文原书页码，即本书边码，后同。

[11] 见本书第 5 页、第二章第 49～51 页和 53 页。

[12] 参见 http：//www. youtube. com/watch? v=iailMSUVenA（访问日期 2011 年 8 月 15 日）。

[13] 科尔曼和布龙勒（Coleman and Blumler，2008：169 ff）的论争颇有说服力。他们认为，如果公众支持的与政治决策相关的“赛博空间里的公民公共领地”创造出来了，网络问政就会大不相同。

[14] 关于这方面的预测，参见安德森（Anderson，2005）。

[15] 关于 2008 年美国总统大选期间互联网影响的局限性，见本书第五章。

[16] 参见本书第五章。

[17] 参见 http：//www. ukuncut. org. uk/press/coverage? articles _ page=5（访问日期 2011 年 4 月 4 日）。

[18] 关于互联网“推广民主”的作用，见本书第二章。

[19] 2011 年，《赫芬顿邮报》被美国在线收购，不再是独立网络报。

[20] 英国报业协会（UK Newspaper Society）在电子邮件中提供的数据（2010 年 2 月 19 日）。

[21] 伊丽莎白·鲍曼-默勒（Elisabeth Baumann-Meurer）协助我研究“我的新闻”网站的历史，特此感谢。

[22] 在 2011 年的大选中，大概是由于网上批评的增加，人民行动党（PAP）有一点小小的损失。不过，除了失去六个议席外，它还是赢得了其余的所有议席。

参考文献

Aalberg，T. and Curran，J.（2012）（eds）*How Media Inform Democracy*，New York：Routledge.

Agre，P.（1994）‘Networking and Democracy’，*The Network Observer*，1（4）. Online. Available HTTP：<http：//polaris. gseis. ucla. edu/pagre/tno/april-1994. html>（accessed 4 May 2011）.

Ahearn，C.（2009）‘How Will Journalism Survive the Internet Age?’，*Reuters*，11 December. Online. Available HTTP：<http：//blogs. reuters. com/from-reuterscom/2009/12/11/how-will-journalism-survive-the-internet-age/>（accessed 10 June 2011）.

Akdeniz，Y. (2009) *Racism on the Internet*，Strasbourg：Council of Europe Publishing.

Anderson，J. (2005) *Imagining the Internet*，Lanham，MD：Rowman and Littlefield.

Atkinson，R.，Ezell，S. J.，Andes，S. M.，Castro，D. D. and Bennett，R. (2010) 'The Internet Economy 25 Years After. Com：Transforming Commerce and Life'，The Information Technology & Innovation Foundation. Online. Available HTTP：<http：// www. itif. org/files/2010-25-years. pdf> (accessed 2 February 2011).

Back，L. (2001) 'White Fortresses in Cyberspace'，UNESCO Points of View. Online. Available HTTP：<http：//www. unesco. org/webworld/points _ of _ views/back. shtml> (accessed 4 June 2011).

Bar，F. with Simard，C. (2002) 'New Media implementation and Industrial Organization'，in L. Lievrouw and S. Livingstone (eds) *The Handbook of New Media*，London：Sage.

Bartels，L. M. (2008) *Unequal Democracy：The Political Economy of the New Gilded Age*，Princeton：Princeton University Press.

Beckett，C. (2008) *Supermedia*，Oxford：Blackwell.

27 Beilock，R. and Dimitrova，D. V. (2003) 'An Exploratory Model of Inter-country Internet Diffusion'，*Telecommunications Policy*，27：237－52.

Benkler，Y. (2006) *The Wealth of Networks*，New Haven：Yale University Press.

Bennett，L. W. (2003) 'Communicating Global Activism'，*Information, Communication & Society*，6 (2)：143－68.

Blodget，H. (2008) 'Why Wall Street Always Blows It…'，*The Atlantic Online*. Online. Available HTTP：<http：//www. theatlantic. com/magazine/archive/2008/12/why-wall-street-always-blows-it/7147/> (accessed 12 February 2011).

Boas，T. C. (2006) 'Weaving the Authoritarian Web：The Control of Internet Use in Nondemocratic Regimes'，in J. Zysman and A. Newman (eds) *How Revolutionary Was the Digital Revolution? National Responses, Market Transi-*

tions, and Global Technology, Stanford, CA: Stanford Business Books.

Boczkowski, P. (2009) 'Technology, Monitoring and Imitation in Contemporary News Work', *Communication, Culture and Critique*, 2: 39 – 59.

Bohman, J. (2004) 'Expanding Dialogue: The Internet, the Public Sphere and Prospects for Transnational Democracy', *Sociological Review*, 131 – 55.

Bulashova, N. and Cole, G. (1995) 'Friends and Partners: Building Global Community on the Internet', paper presented at the Internet Society International Networking Conference, Honolulu, Hawaii, June.

Cairncross, F. (1997) *The Death of Distance*, Boston: Harvard Business School Press.

Cammaerts, B. (2008) 'Critiques on the Participatory Potentials of Web 2.0', *Communication, Culture and Critique*, 1 (4): 358 – 77.

Cassidy, J. (2002) *Dot. con: How America Lost its Mind and Money in the Internet Era*, New York: Harper Collins.

Castells, M. (2001) *The Internet Galaxy*, Oxford: Oxford University Press.

Cellan-Jones, R. (2001) *Dot. bomb: The Rise and Fall of Dot. com Britain*, London: Aurum.

Chadwick, A. (2006) *Internet Politics: States, Citizens and New Communication Technologies*, Oxford: Oxford University Press.

Chrysostome, E. and Rosson, P. (2004) 'The Internet and SMES Internationalization: Promises and Illusions', paper delivered at Conference of ASAC, Quebec, Canada, 5 June. Online. Available HTTP: <http: //libra. acadiau. ca/ library/ASAC/ v25/articles/ Chrysostome-Rosson. pdf> (accessed 23 October 2011).

Coleman, S. (1999) 'New Media and Democratic Politics', *New Media and Society*, 1 (1): 62 – 74.

Coleman, S. and Blumler, J. (2008) *The Internet and Democratic Citizenship*, Cambridge: Cambridge University Press.

Commission on Poverty, Participation and Power (2000) 'Listen Hear: The Right to be Heard', Report of the Commission on Poverty, Participation and Power, Bristol: Policy Press. Online. Available HTTP: <http: //www. jrf. org. uk/publications/listen-hear-right-be-heard> (accessed 10 January 2011).

Conway, M. (2006) 'Terrorism and the Internet: New Media-New Threat?', *Parliamentary Affairs*, 59 (2): 283 - 98.

Cook, E. (1999) 'Web Whiz-kids Count Their Cool Millions', *Independent*, 25 July, p. 10.

Couldry, N. (2010) 'New Online Sources and Writer-Gatherers', in N. Fenton (ed.) *New Media*, *Old News*, London: Sage.

Couldry, N., Livingstone, S. and Markham, T. (2007) *Media Consumption and Public Engagement*, Basingstoke: Palgrave Macmillan.

Crouch, C. (2004) *Post-Democracy*, Cambridge: Polity.

Curran, J. (2002) *Media and Power*, London: Routledge.

28 —— (2011) *Media and Democracy*, London: Routledge.

Curran, J. and Witschge, T. (2010) 'Liberal Dreams and the Internet' in N. Fenton (ed.) *New Media*, *Old News*: *Journalism and Democracy in the Digital Age*, London: Sage.

Curran, J., Lund, A., Iyengar, S. and Salovaara-Moring, I. (2009) 'Media System, Public Knowledge and Democracy: A Comparative Study', *European Journal of Communication*, 24 (1): 5 - 26.

Dahlgren, P. (2005) 'The Internet, Public Spheres, and Political Communication: Dispersion and Deliberation', *Political Communication*, 22: 147 - 62.

Daniels, J. (2008) 'Race, Civil Rights, and Hate Speech in the Digital Era', in A. Everett (ed.) *Learning Race and Ethnicity*: *Youth and Digital Media*, The John D. and Catherine T. MacArthur Foundation Series on Digital Media and Learning, Cambridge, MA: MIT Press, 129 - 54.

Davies, J., Sandström, S., Shorrocks, A. and Wolff, E. (2006) 'The World Distribution of Household Wealth', United Nations University, World Institute for Development Economics Research. Online. Available HTTP: <http: //www. wider. unu. edu/events/past-events/ 2006-events/en _ GB/05-12-2006/> (accessed 10 January 2011).

Davis, A. (2002) *Public Relations Democracy*, Manchester: Manchester

University Press.

—— (2010) *Political Communication and Social Theory*, London: Routledge.

Deighton, J. and Quelch, J. (2009) *Economic Value of the Advertising-Supported Internet Ecosystem*, Cambridge, MA: Hamilton Consultants Inc.

Dencik, L. (2011) *Media and Global Civil Society*, Basingstoke: Palgrave Macmillan.

Deuze, M. (2009) 'The People Formerly Known as the Employers', *Journalism*, 10 (3): 315 - 18.

Di Genarro, C. and Dutton, W. (2006) 'The Internet and the Public: Online and Offline Political Participation in the United Kingdom', *Parliamentary Affairs*, 59 (2): 299 - 313.

Dinan, W. and Miller, D. (2007) *Thinker, Faker, Spinner, Spy*, London: Pluto.

Downie, L. and Schudson, M. (2010) 'The Reconstruction of American Journalism', *Columbia Journalism Review*. Online. Available HTTP: <http: //www. cjr. org/reconstruction/the _ reconstruction _ of _ american. php> (accessed 10 January 2010).

Dranove, B. and Schaefer, S. (2010) *Economics of Strategy*, 5th edn, Hoboken, NJ: John Wiley.

Edmunds, R., Guskin, E. and Rosenstiel, T. (2011) 'Newspapers: Missed the 2010 Media Rally', *The State of the News Media* 2011, Pew Research Center's Project for Excellence in Journalism. Online. Available HTTP: <http: //stateofthemedia. org/2011/newspapers-essay/> (accessed 20 August 2011).

Ehlers, V. (1995) 'Beyond the Cyberhype: What the Internet Means to the Congressman of the Future', *Roll Call*, 1 October.

Elmer-Dewitt, P. (1994) 'Battle for the Soul of the Internet', *Time*, 144 (4): 50 - 57.

Eskelsen, G., Marcus, A., and Ferree, W. K. (2009) *The Digital Economy Fact Book*, 10th edn, The Progress and Freedom Foundation. Online. Available HTTP: <http: //www. pff. org/issues-pubs/books/factbook _ 10th _ Ed. pdf>

(accessed 2 April 2011),

European Commission (2009) *Eurostat*. Online. Available HTTP: <http: //epp. eurostat. ec. europa. eu/portal/page/portal/eurostat/home/>(accessed 14 August 2011).

Fenton, N. (2008) 'Mediating Hope: New Media, Politics and Resistance', *International Journal of Cultural Studies*, 11: 230 - 48.

—— (ed.) (2010a) *New Media*, *Old News*: *Journalism and Democracy in the Digital Age*, London: Sage.

—— (2010b) 'NGOs, New Media and the Mainstream News: News from Everywhere' in N. Fenton (ed.) *New Media*, *Old News*, London: Sage.

29 Foster, J. and McChesney, R. (2011) 'The Internet's Unholy Marriage to Capitalism', *Monthly Review* (March) . Online. Available HTTP: <http: //monthlyreview. org/ 110301foster-mchesney. php> (accessed 4 June 2011) .

Foster, J. , McChesney, R. and Jonna, R. (2011) 'Monopoly and Competition in Twenty-First Century Capitalism', *Monthly Review*, 62: 11.

Fraser, N. (2007) 'Transnationalizing the Public Sphere: On the Legitimacy and Efficacy of Public Opinion in a Post-Westphalian World', *Theory*, *Culture and Society*, 24 (4): 7 - 30.

Freiburger, T. and Crane, J. S. (2008) 'A Systematic Examination of Terrorist Use of the Internet', *International Journal of Cyber Criminology*, 2 (1): 309 - 19.

Fuchs, C. (2009) 'The Role of Income Inequality in a Multivariate Cross-National Analysis of the Digital Divide', *Social Science Computer Review*, 27 (1): 41 - 58.

Fukuyama, F. (2002) *Our Posthuman Future*, New York: Farrar, Straus and Giroux.

Gates, B. (1995) 'To Make a Fortune on the Internet, Find a Niche and Fill it', *Seattle Post-Intelligencer*, 6 December, p. B4.

George, C. (2005) 'The Internet's Political Impact and the Penetration/Particpation Paradox in Malaysia and Singapore', *Media*, *Culture and Society*, 27 (6): 903 - 20.

—— (2007) *Contentious Journalism and the Internet*, Seattle: University of Washington Press.

Gerstenfeld, P. B., Grant, D. R. and Chiang, C. (2003) 'Hate Online: A Content Analysis of Extremist Internet Sites', *Analyses of Social Issues and Public Policy*, 3 (1): 29 - 44.

Ghoshal, S. (1992) 'Global Strategy: An Organizing Framework', in F. Root and K. Visudtibhan (eds) *International Strategic Management: Challenges and Opportunities*, New York: Taylor and Francis.

Gilder, G. (1994) *Life After Television*, New York: Norton.

Ginsborg, P. (2004) *Silvio Berlusconi: Television, Power and Patrimony*, London: Verso.

Gobry, P.-E. (2011) 'It's Official: Internet Advertising is Bigger than Newspaper Advertising', *Business Insider*, 14 April. Online. Available HTTP: <http://www. businessinsider. com/internet-advertising-bigger-than-newspaper-advertising-2011-4> (accessed 15 August 2011).

Grossman, L. K. (1995) *The Electronic Republic: Reshaping Democracy in the Information Age*, New York: Viking.

Guardian (2011) 'The World's Top 10 Newspaper Websites', 19 April. Online. Available HTTP: < http: //www. guardian. co. uk/media/table/2011/apr/19/worlds-top-10-news-paper-websites? intcmp = 239 > (accessed 20 August 2011).

Hahn, H. (1993) *Voices from the Net*, 1. 3, 27 October. Online. Available HTTP: <http: //www. spunk. org/library/comms/sp000317. txt> (accessed 7 November 2010).

Hill, K. and Hughes, J. (1998) *Cyberpolitics*, Lanham, MD: Rowman and Littlefield.

Hindman, M. (2009) *The Myth of Digital Democracy*, Princeton: Princeton University Press.

Hirsch, D. (2007) 'Experiences of Poverty and Educational Disadvantage', Joseph Rowntree Foundation. Online. Available HTTP: <http: //www. jrf. org. uk/publications/experiences-poverty-and-educational-disadvantage > (accessed 5

January 2011）.

Horgan，G.（2007）‘The Impact of Poverty on Young Children's Experience of School’，Joseph Rowntree Foundation. Online. Available HTTP：<http：//www. jrf. org. uk/publications/ impact-poverty-young-childrens-experience-school>（accessed 20 January 2011）.

Hunt，J.（2011）‘The New Frontier of Money Laundering：How Terrorist Organizations use Cyberlaundering to Fund Their Activities，and How Governments are Trying to Stop Them’，*Information & Communications Technology Law*，20（2）：133－52.

Ibrahim，Y.（2006）‘The Role of Regulations and Social Norms in Mediating Online Political Discourse’，PhD dissertation，LSE，University of London.

30 International Telecommunications Union（2010）‘ITU Calls for Broadband Internet Access for Half of the World's Population by 2015’，*ITU News*，5 June. Online. Available HTTP：<http：//www. itu. int/net/itunews/issues/2010/05/pdf/201005 _ 12. pdf>（accessed 10 January 2011）.

Internet World Stats（2010a） ‘Internet Usage Statistics，the Internet Big Picture’，Miniwatts Marketing Group. Online. Available HTTP：<http：www. internetworldstats. com/stats. htm>（accessed 10 January 2011）.

——（2010b）‘Internet World Users by Language：Top 10 Languages’，Miniwatts Marketing Group. Online. Available HTTP：<http：//www. Internet worldstats. com/stats7. htm>（accessed 10 January 2011）.

——（2011a）‘Internet World Stats：Usage and Population Statistics’. Online. Available HTTP：<http：//www. internetworldstats. com/stats. htm>（accessed 14 August 2011）.

——（2011b）‘Asia Internet Usage’. Online. Available HTTP：<http：//www. internet worldstats. com/stats3. htm>（accessed 21 August 2011）.

Jansen，J.（2010）‘The Better-Off Online’，*Pew Research Center Publications*，Pew Internet & American Life Project，24 November. Online. Available HTTP：< http：//pewresearch. org/pubs/1809/internet-usage-higher-income-americans>（accessed 7 June 2011）.

Jipguep，J.（1995）‘The Global Telecommunication Infrastructure and the

Information Society', Proceedings ISOC INET' 95. Online. Available HTTP: <http://www. isoc. org/inet95/proceedings/PLENARY/Ll-6/html/paper. html> (accessed January 2010).

Joyce. M. (2007) 'The Citizen Journalism Web Site "OhmyNews" and the 2002 South Korean Presidential Election', Berkman Center for Internet and Society of Harvard University. Online. Available HTTP: <http://cyber. law. harvard. edu/sites/cyber. law. harvard. edu/files/Joyce _ South _ Korea _ 2007. pdf> (accessed 24 July 2011).

Juris, J. (2005) 'The New Digital Media and Activist Networking within Anti-Corporate Globalization Movements', *The Annals of the American Academy*, 597: 189-208.

Kalapese, C., Willersdorf, S. and Zwillenburg, P. (2010) *The Connected Kingdom*, Boston Consulting Group. Online. Available HTTP: <http://www. connectedkingdom. co. uk/downloads/bcg-the-connected-kingdom-oct-10. pclf> (accessed 14 August 2011).

Kalathil, S. and Boas, T. C. (2003) *Open Networks, Closed Regimes: The Impact of the Internet on Authoritarian Rule*, Washington: Carnegie Endowment for International Peace.

Kelly, K. (1999) 'The Roaring Zeros', *Wired*, September. Online. Available HTTP: <http://www. wired. com/wired/archive/7. 09/zeros. html> (accessed 10 December 2010).

Kenyon, A. (2010) 'Investigating Chilling Effects: News Media and Public Speech in Malaysia, Singapore and Australia', *International Journal of Communication*, 4: 440-67.

Kim, E. -G. and Hamilton, J. (2006) 'Capitulation to Capital? OhmyNews as Alternative Media', *Media, Culture and Society*, 28 (4): 541-60.

Klotz, R. J. (2004) *The Politics of Internet commumication*, Lanham, MD: Rowman & Littlefield.

Lane, D. (2004) *Berlusconi's Shadow*, London: Allen Lane.

Lauria, J. (1999) 'American Online Frenzy Creates Overnight Billionaires', *Sunday Times*, 26 December.

Lee-Wright，P.，Phillips，A. and Witschge，T.（2011）*Changing Journalism*，London：Routledge.

Lister，R.（2004）*Poverty*，Cambridge：Policy Press.

Livingstone，S.（2010）‘Interactive，Engaging but Unequal：Critical Conclusions from Internet Studies’，in J. Curran（ed.）*Media and Society*，5th edn，London：Bloomsbury Academic.

31 Mandel，M. J. and Kunii，I. M.（1999）‘The Internet Economy：The World's Next Growth Engine’，*BusinessWeek Online*，4 October. Online. Available HTTP：< http：//www. businessweek. com/1999/99 _ 40/b3649004. htm? script Framed>（accessed 2 February 2011）.

Marquand，D.（2008）*Britain since* 1918，London：Phoenix.

Moos，J.（2011）‘The Top 5 News Sites in the United States are.... ’，Poynter Institute. Online. Available HTTP：< http：//www. poynter. org/latest-news/romenesko/128994/ the-top-5-news-sites-in-the-united-states-are/>（accessed 5 August 2011）.

Morozov，E.（2011）*The Net Delusion*，London：Allen Lane.

Mosco，V.（2005）*The Digital Sublime*，Cambridge，MA：MIT Press.

Murdoch，R.（2006）‘Speech by Rupert Murdoch at the Annual Livery Lecture at the Worshipful Company of Stationers and Newspaper Makers’，*News Corporation*，3 March. Online. Available HTTP：< http：//www. newscorp. com/news/news _ 285. html>（accessed 1 September 2010）.

Negroponte，N.（1995；1996）*Being Digital*，rev. edn，London：Hodder and Stoughton.

Nel，F.（2010）*Laid Off：What Do UK Journalists Do Next*? Preston：University of Central Lancashire. Online. Available HTTP：<http：//www. jour nalism. co. uk/uploads/laidoffreport. pdf>（accessed 20 August 2011）.

Nerone，J.（2009）‘The Death and Rebirth of Working-class Journalism’，*Journalism*，10（3）：353－55.

Nielsen（2011）‘Media and Information Sites Thrive in Popularity as Consumers Seek the “Real World” on the Web’，Nielsen Press Room. Online. Available HTTP：< http://www. nielsen. com/uk/en/insights/press-room/2011-news/media _ and _ information-sites-thrive. html> (accessed 2 August 2011).

Ofcom (2010a) 'Perceptions of, and Attitudes towards, Television: 2010', PSB Report 2010-Information Pack H, 8 July. Online. Available HTTP: <http://stakeholders. ofcom. org. uk/binaries/broadcast/reviews-investigations/psb-review/psb2010/Perceptions. pdf> (accessed November 2010).

Ofcom (2010b) *International Communications Market Report*, London: Ofcom. Online. Available HTTP: <http: //stakeholders. ofcom. org. uk/binaries/research/cmr/753567/icmr/ICMR _ 2010. pdf> (accessed 23 August 2011).

Office of Fair Trading (2009) *Review of the Local and Regional Media Merger Regime*. Online. Available HTTP: http: //www. oft. gov. uk/news/press/2009/71-09 (accessed 23 December 2009).

Olmstead, K., Mitchell, A. and Rosenstiel, T. (2011) 'Navigating News Online', Pew Research Center, Project for Excellence in Journalism. Online. Available HTTP: < http: //pewresearch. org/pubs/1986/navigating-digital-news-environment-audience> (accessed 20 August 2011).

ONS (2008) *Internet Access 2008: Households and Individuals*, London: Office of National Statistics.

Park, M.-Y., Kim, C.-N. and Sohn, R.-W. (2000) 'Modernization, Globalization and the Powerful State: The Korean Media', in J. Curran and M.-Y. Park (eds) *De-Westernising Media Studies*, London: Routledge.

Perry, B. and Olsson, P. (2009) 'Cyberhate: The Globalization of Hate', *Information & Communications Technology Law*, 18 (2): 185 – 199.

Pew (2009a) Pew Project for Excellence in Journalism, *State of the News Media* 2009, Pew Research Center Publications, 16 March. Online. Available HTTP: < http: // www. stateofthemedia. org/2009/narrative _ overview _ intro. php? cat=0&media=1> (accessed 10 December 2009).

—— (2009b) 'Trend Data', Pew Internet & American Life Project. Online. Available HTTP: < http: //www. pewinternet. org/Static-Pages/Trend-Data/Online-Activities-Daily. aspx> (accessed 2 April 2010).

32

—— (2011) 'The State of the News Media 2011: An Annual Report on American Journalism', Pew Research Center's Project for Excellence in Journalism.

Online. Available HTTP：＜http：//stateofthemedia. org/2011/newspapers-essay/#fn-5162-39＞（accessed 20 August 2011）.

Pew Research Center for the People and the Press（2011）'Internet Gains on Television as Public's Main News Source'，4 January. Online. Available HTTP：＜http：//pewresearch. org/pubs/1844/poll-main-source-national-intemational-news-internet-television-newspapers＞（accessed 7 January 2011）.

Porter，M.（2008a）*On Competition*，Boston：Harvard Business School Press.

——（2008b）'The Five Competitive Forces that Shape Strategy'，*Harvard Business Review*，January：79-93.

Poster，M.（2001）*What's the Matter with the Internet*，Minneapolis：University of Minnesota Press.

Price，R.（1998）'Reversing the Gun Sites：Transnational Civil Society Targets Land Mines'，*International Organization*，52（3）：613-44.

Redden，J. and Witschge，T.（2010）'A New News Order? Online News Content Examined'，in N. Fenton（ed.）*New Media*，*Old News*，London：Sage.

Rodan，G.（2004）*Transparency and Authoritarian Rule in Southeast Asia*，London：RoutledgeCurzon.

Rohlinger，D. and Brown，J.（2008）'Democracy，Action and the Internet after 9/11'，*American Behavioral Scientist*，53（1）：133-50.

Ryan，J.（2010）*A History of the Internet and the Digital Future*，London：Reaktion Books.

Sani，A.（2009）*The Public Sphere and Media Politics in Malaysia*，Newcastle：Cambridge Scholars Publishing.

Schwartz，E. I.（1994）'Power to the People：The Clinton Administration is Using the Net in a Pitched Effort to Perform an End Run Around the Media'，*Wired*，1 January. Online. Available HTTP：＜http：//www. wired. com/wired/archive/2. 12/whitehouse _ pr. html＞（accessed 10 January 2010）.

Scott，E.（2004）"'Big Media' Meets the 'Bloggers'：Coverage of Trent Lott's Remarks at Strom Thurmond's Birthday Party'，Kennedy School of Government Case Study C 14-04-1731. 0，Cambridge，MA：John Kennedy School of Government，Harvard University.

Scott，T. D. （2008）'Blogosphere：Presidential Campaign Stories that Failed to Ignite Mainstream Media'，in M. Boler （ed. ） *Digital Media and Democracy*：*Tactics in Hard Times*，Cambridge：MIT Press.

Simon Wiesenthal Centre （2011） '2011 Digital Terrorism and Hate Report Launched at Museum of Tolerance New York'. Online. Available HTTP：<http：//www. wiesenthai. com/site/apps/nlnet/content2. aspx? c=lsKWLbPJLnF&b=4441467&ct=9141065> （accessed 8 July 2011）.

Stiglitz，J. （2002） *Globalization and its Discontents*，London：Penguin.

Stratton，J. （1997） 'Cyberspace and the Globalization of Culture'，in D. Porter （ed. ） *Internet Culture*，London：Routledge，253-76.

Sklair，L. （2002） *Globalization*，3rd edn，Oxford：Oxford University Press.

Slevin，J. （2000） *The Internet and Society*，Cambridge：Polity.

Smith，A.，Schlozman，L.，Verba，S. and Brady，H. （2009） 'The Internet and Civic Engagment'，Pew Internet & American Life Project，1 September Online. Available HTTP：<http：//www. pewinternet. org/Reports/2009/15-The-Internet-and-Civic-Engagement. aspx> （accessed 10 May 2010）.

Smith，P. and Smythe，E. （2004） 'Globalization，Citizenship and New Information Technologies：from the MAI to Seattle'，in M. Anttiroiko and R. Savolainen （eds） *eTransformation in Governance*，Hershey，PA：IGI Publishing.

33

Solaria Sun （2011） 'Cisco Systems Financial Crisis'，4 August. Online. Available HTTP：<http：//solariasun. com/3521/cisco-systems-financial-crisis/> （accessed 12 August 2011）.

Solt，F. （2008）'Economic Inequality and Democratic Political Engagement'，*American Journal of Political Science*，52 （1）：48-60.

Sutton，L.，Smith，N.，Deardon，C. and Middleton，S. （2007）'A Child's-eye View of Social Difference'，Joseph Rowntree Foundation：The Centre for Research in Social Policy （CRSP），Loughborough University. Online. Available：

<http://www.jrf.org.uk/publications/childs-eye-view-social-difference>(accessed 10 January 2011).

Taubman, G. (1998) 'A Not-so World Wide Web: The Internet, China, and the Challenges to Nondemocratic Rule', *Political Communication*, 15: 255-72.

Thompson, D. (2010) 'The Tea Party Used the Internet to Defeat the Internet President', *The Atlantic*, 20 November. Online. Available HTTP: <http://www.theatlantic.com/business/archive/2010/11/the-tea-party-used-the-internet-to-defeat-the-first-internet-president/65589/> (accessed 22 August 2011).

Toffler, A. and Toffler, H. (1995) *Creating a New Civilization*, Atlanta: Turner.

Tomlinson, J. (1999) *Globalization and Culture*, Cambridge: Polity.

Torres, R. (2008) 'World of Work Report 2008: Income Inequalities in the Age of Financial Globalization', International Institute for Labour Studies, International Labour Office, Geneva. Online. Available HTTP: <http://www.ilo.org/public/english/bureau/inst/download/world08.pdf> (accessed 9 December 2010).

Turkle, S. (1995) *Life on the Screen*, New York: Simon and Schuster.

—— (2011) *Alone Together*, New York: Basic Books.

Ugarteche, O. (2007) 'Transnationalizing the Public Sphere: A Critique of Fraser', *Theory, Culture and Society*, 24 (4): 65-69.

Valliere, D. and Peterson, R. (2004) 'Inflating the Bubble: Examining Investor Behaviour', *Venture Capital*, 4 (1): 1-22.

Van Dijk, J. (2005) *The Deepening Divide*, London: Sage.

Volkmer, I. (2003) 'The Global Network Society and the Global Public Sphere', *Development*, 46 (1): 9-16.

Wheale, P. R. and Amin, L. H. (2003) 'Bursting the Dot. com "Bubble": A Case Study in Investor Behaviour', *Technological Analysis*, 15 (1): 117-36.

Witschge, T., Fenton, N. and Freedman, D. (2010) *Protecting the News: Civil Society and the Media*. London: Carnegie UK. Online. Available HTTP: <http://www.carnegieuktrust.org.uk/getattachment/1598111d-7cbc-471e-98b4-

dc4225f38e99/Protecting-the-News-Civil-Society-and-the-Media. aspx>（accessed 9 June 2011）.

Woolcock，M.（2008）'Global Poverty and Inequality：A Brief Retrospective and Prospective Analysis'，*Political Quarterly*，79（1）：183-96.

Worthington，R.（2003）*Governance in Singapore*，London：RoutledgeCurzon.

Wunnava，P. V. and Leiter，D. B.（2009）'Determinants of Intercountry Internet Diffusion Rates'，*American Journal of Economics and Sociology*，68（2）：413-26.

Zickuhr，K.（2010）'Generations 2010'，Pew Internet and American Life Project. Washington：Pew Research Centre. Online. Available HTTP：<http：//pewinternet. org/Reports/2010/Generations-2010. aspx>（accessed 20 August 2011）.

第二章　重新思考互联网的历史

詹姆斯·柯兰

第一节　小引

34

20世纪80年代和90年代初互联网开始发展时，它身披着异见的浪漫色彩外衣。[1]初期的互联网用户创造了特色鲜明的行话，发明了很多首字母缩略词比如MOO（冒险游戏）和MUD（角色游戏）。那时的用户仿佛是一个宗教团体，有内部秘密、亚文化的风格，没有高难度的技能就难以进入那个圈子。用户主要是年轻人，而且是熟知内情的人。

即使在20世纪90年代中期进入主流社会以后，互联网仍然保留了它初期那种奇异的魅力。有威望的媒体刊发了不少长篇文章，解释互联网如何运行以及有何用途。“赛博空间”之类的词语派生于初期用户与科幻文艺的“恋情”，逐渐成为通用词汇。大约在此期间，严肃探讨互联网起源和发展的工作开始进行。但早期的历史著述仍然受到敬畏互联网时期的影响，史家论及互联网时将其大写为Internet，一定程度上反映了人们对互联网的敬畏（Abbate，2000；Gillies and Cailliau，2000；Berners-Lee，2000；Rheingold，2000）。[2]这些著述给人启发，但对互联网极尽讴歌之能事。其核心主题是，乌托邦梦想、互惠和实用的灵活性将为改天换地的技术建立基础，最终营造一个更好的世界。

这段历史和维多利亚时代报刊的早期历史（1850—1887）非常相似。彼时，自由派人士对报纸寄予厚望，他们相信，新印刷技术大批量生产的报纸广受欢迎，具有改变社会的力量。和早期的互联网历史一样，那时的报刊研究也在技术的祭坛前顶礼膜拜，报刊（Newspaper Press）的首字母也是大写（Hunt，1850：178；Grant，1971—72：453）。那些著作也谄媚吹捧，把大众报纸的兴起与理性、自由和进步联系在一起。

后来，随着时光的流逝，报刊的负面趋势赫然凸显，再也不能对其视而不见了。于是，早期报刊史的核心主题就受到挑战。[3]然而此刻，修正互联网历史的时刻尚未到来。虽然有一些专题研究给人启示，一般的互联网历史记述还是落入了早期报刊历史记述的窠臼。它们是欢呼技术和进步的历史记述（Flichy，2007；Banks，2008；Ryan，2010）。[4] 35

本章试图以上述标准模板为出发点，从两个方面进行考察。目前的互联网历史记述多半集中讲它初期的英雄时期。与之相比，本书既注意互联网发轫的历史，又注意它后期的发展。我们即将看到，这将改变互联网历史的轨迹。

本章还试图勾勒互联网在非西方地区的进展。以往标准的互联网历史把互联网的发展当做西方的现象来记叙。对互联网早期的历史而言，这样的记叙是有道理的，因为互联网是西方的发明。但如今的互联网已然全球化，其历史就必须按照现在的情况来理解。我们将看到，去西方化的互联网历史会造就一个更为复杂的故事。

第二节　互联网的技术发展

互联网的技术史可以在这里作一小结。1969 年起步时，互联网只是美国一个小型的公共计算机网络，这一网络共有一种计算机语言和一套协议，逐渐有所发展。1972 年电子邮件（起初名为网络邮件）出现，1974 年“互联网”（internet）这个单词第一次出现，这是由 internetworking（多个计算机组网）一词截短而成的逆生词。

20 世纪的 80 年代和 90 年代，互联网的发展实现了国际化，此前主要以美国为中心。1985 年，一个重大变化的时刻来临了，欧洲粒子物理研究所（European Organization for Nuclear Research）的内部网启用了 IP（互联网协议），1989 年又开通了它的外部网 IP。接着，万维网（world wide web）于 1991 年创建。万维网是一种用户界面，使跨网络对分散的数据进行组织和存取都很方便。这就强有力地推进了互联网的发展。20 世纪 80 年代末，互联网抵达亚洲，但 1995 年，非洲才实现了本土的互联网服务。到 1998 年，互联网抵达了世界各国。

20 世纪 90 年代和 21 世纪的第一个十年，互联网经历了快速普及的时期。1993 年图形浏览器问世，接着搜索引擎和网络目录出现，大大推进了互联网的普及，使得越来越多的人能用上互联网。从 1985 到 2005 年，接入互联网的电脑从 562 台增加到 3 000 亿台（Comer，2007）。到 2010 年，全世界的互联网用户估计达到了20亿人，相当于世界人口的四分之一（ITU，2010）。

支撑这一蔚为壮观发展的是一些关键的创新。其中之一是，计算机从身穿白大褂的一帮人伺候的、占据一间屋子的庞然大物变成了小巧的PC，其功能强大，操作简易，可置于膝头，甚至可握在手里。另一个强有力的创新是计算机网络，传输和处理通信的共享代码使它快速发展。第三个创新是软件的变革，促进了信息的存取、链接和贮存（网络创新成为关键的突破）。第四个创新是国际电话系统的建设，它促进了国家之间的互通性。互联网"捆绑"在国际电话网上，促进了全球扩张。

36

然而，互联网的发展不仅仅是由科学创新决定的技术过程，它还受到其开发者目的的影响，提供资金的人和打造网络的人都在互联网的形塑中发挥作用。他们的目的互相碰撞，最终成为争夺互联网"灵魂"的斗争。

第三节　军方的赞助

互联网可以被视为和平的中介，但它其实是冷战的产物，这是许多人议论纷纷的悖论。1957年，苏联发射第一颗人造地球卫星，在"空间竞赛"中赢了第一轮。美国国防部受到刺激，决定组建高级研究计划局（Advanced Research Projects Agency）。该机构的项目之一就是创建第一个先进的计算机网络，名曰"美国国防部高级研究计划局计算机网络"（ARPANET）。起初构想时，这个网络是共享高成本计算机时间的一个办法，后来它获得了另一个理据。有人说，计算机网络能促进先进军事指挥和控制系统的发展，能承受苏联的核攻击。这个研究项目扩大，促进了重大的公共投资，使网络技术得以发展和扩张（Edwards，1996；Norberg and O'Neil，1996）。

另一个结果是，初期互联网的设计受到军事目的的影响，其形式往往容易被低估（如Hafner and Lyon，2003）。压倒一切的军事目标是创建一个能抵御苏联核攻击的计算机网络。这就导致了一个权力分散的系统，不存在一个能被敌人摧毁的指挥中心。这和IBM公司为一些美国公司开发的集中化、等级化的数据系统截然不同。实际效果是，这种网络不仅难以被灭除，而且难以被控制。

军事考量使网络技术发展，即使在被部分摧毁的情况下，整个系统还能继续工作。关键的军事吸引力是分组交换（packet-switching），这是互联网发展中最重要的一步，它免除了发送者和接收者之间容易受攻击的开放线路。如此，信息就分装为单位（小包），然后才发送出去，根据流量和网络情况，信息包走不同的线路，到达目的地以后又重新打包。每个信息包用数字封套包装，标上运输和内容的具体参数。 37

另一个军事目标是，网络系统要能服务于独特而专门的军事任务。一旦最低限度的需要得到满足，多样化的系统应运而生，不同的网络就能兼容。这一系统还将卫星和无线通信引入互联网，因为卫星和无线通信很适合汽车、轮船和飞机的通信。

可见，互联网的设计被打上了军事目的的烙印，因为它被构想为对抗苏联帝国的战略防线。互联网是一个“奇爱博士”（Dr Strangelove）式的研究计划，其理据类似这部1964年的讽刺电影的副标题：“为何我不再担心爱上原子弹”。

国家的补贴也以其他方式间接地帮助了互联网的建设。美国的防务预算为1946年美国的第一台电子计算机提供了经费，也对美国计算机产业的技术发展进行补贴（Edwards，1996）。美国政府还支持太空计划，其副产品是卫星，卫星助推互联网流量的增长。实际上，美国政府提供了互联网研究和发展的主要经费。

这是私营企业不热心的行当，因为和防务计划挂钩的计算机网络似乎不是很能赚钱的商业项目。事实上，在1972年，通讯巨头美国电话电报公司（AT&T）就谢绝了政府要它接收ARPANET的建议，ARPANET是现代互联网的前身。美国电话电报公司谢绝的理由是，ARPANET不能赢利。然而，美国政府支持网络的研究和发展，出资为其营造了一个重大的用户基础，“呵护”互联网，并将其推向市场。1991年，互联网商业开发的禁令被解除了，到1995年，公共互联网（public internet）完成了私有化。

第四节　科学家的价值观

计算机科学家对军方赞助者的目的作了诠释，他们成为一种中介的力量。双方建立了良好的工作关系，部分原因是双方的目的相互交叠。军方要确保受苏联攻击时能生存，军事目的指向了网络结构的去集中化。军方的目的和大学院系的愿望一致：大学既接入互联网，又不受中央网络的控制。

与此相似，互联网的模块结构也为军方的需求提供了灵活的服务。同样，这也符合学界人士的需求，他们想要使互联网容纳更多的网络，以提高互联网作为研究工具的价值。因此，互联网上能追加许多网络的性质满足了双方的需要。

20世纪60年代末和70年代初，学生抗议越战的示威震撼着校园；此间，军方和科学家的圆通策略使彼此的和谐关系不至于受到示威的影响（Rosenzweig，1998）。后来，在安全问题的优先排序上，双方发生了严重的分歧。但友好协商使问题得到解决；1983年，互联网分成军用和民用两部分。

38

军方和科学家的互信使科学家享有相当程度的自主权。结果，学术科学的价值成为互联网发展的第二个重大因子。科学文化的承诺是：公布研究结果，集体对话，思想合作，推进科学发展。这个文化传统产生的结果是：互联网协议的合作发展，开放源码的披露。结果，开放和互惠就成为互联网初创时的传统之一。

不过，科学家在这里主张的“开放”采取的形式是专家之间的披露与检索，而不是将互联网开放让大众消费。这是因为学界的工作也不是为相关的知识共同体服务的，所以它形成了一种技术性的、自我指涉（self-referential）的形式。这种排他性的传统是早期互联网的特征。彼时，上网需要相当高的计算机技能；计算机专家起初没有表现出改变这一传统的兴趣。

第五节　反文化的价值观

如果说军方—科学家的复合体形塑了早期的互联网，那么，互联网在20世纪80年代的发展倒是受到美国反文化运动的强烈影响，稍后还受到欧洲反文化运动的影响。反文化分为不同但常常是互相联系的派别。社群主义（communitarian）派别旨在通过彼此的同情和理解以促进亲密无间的感觉；嬉皮士的亚文化派别试图摆脱压制的传统，以谋求个人的自我实现；激进的亚文化派别通过权力向人民的转移来改造社会。这些反文化的潮流对互联网的使用产生了影响。

在一项很有创意的研究中，弗雷德·特纳（Fred Turner，2006）以翔实的材料记述了嬉皮士记者和文化企业家如何影响互联网的发展；他们是掮客，把两个方向不同的群体拉在一起，维持了他们富有创意的伙伴关系。对习惯了被视为书呆子的计算机科学家，这些掮客说：你们是很酷的救星，注定要改造世界。对20世纪80年代走下坡路的反文化里的行动主义者，他们说：互联网技术能使你们正在褪色的梦想得以实现。这些掮客宣称如果计算机科学家和行动主义者联手，就能使计算机摆脱功利主义的目的，就能使之为人类服务。

变革即将来临。20 世纪 80 年代，商业网络服务已经在公共互联网之外兴起，给用户提供购物和聊天的机会，尽管收效不大。即使没有反文化的输入，互联网也会开发新的用途。不过，在重新赋予计算机想象力的过程中，科学家与行动主义者的普罗米修斯式的伙伴关系发挥了重要的作用。 *39*

20 世纪 80 年代，加利福尼亚一个社群主义的派别开发了一些局域网，依靠很低的订费和自愿者的劳动维持。一个典型是“全球电子链接”（Whole Earth' Lectronic Link），它 1985 年创建于旧金山，起初是一个拨号上网的公告牌系统。这个系统是斯图尔特·布兰德（Stewart Brand）和拉里·布利恩特（Larry Brilliant）的独创；布兰德是激进的摇滚乐演唱会主办人，布利恩特是政治左倾的医师和第三世界的鼓吹者。布利恩特招募了许多“农场”的伙伴，“农场”是他们在田纳西州创办的自给自足的农业公社。他们创建了一个电子公社，聚集了社会活动分子和政治活动分子以及各色各样的热心人士，逐渐形成了一个 300 台计算机辅助的“会议”。“全球电子链接”之下最大的亚群体是“感恩而死”（Grateful Dead）摇滚乐队的粉丝。这群人被冠以不雅的名字“快乐丧尸”（Deadheads），他们常在网上议论“感恩而死”那些难以理解的抒情乐，交换在演唱会上录制的音乐——摇滚乐队支持这样的录音，借以表明他们赞成“盗版”音乐的立场。几年以后，“全球电子链接”的参与人数减少，在 1994 年被鞋商布鲁斯·卡茨（Bruce Katz）收购了。随即发生的内斗使之迅速衰落（Rheingold，2000：331－34）。

类似的小社群试验也出现在欧洲，一般靠本地的政府来催生。最有名的是阿姆斯特丹的“数字城”（Digital City），亦名“荷兰的 DDS”。该项目 1994 年启动，由市议会拨款，1995 年更名为“虚拟城”（Virtual City），由一家基金会赞助。该“城”的若干广场用政治、电影、音乐等专题命名；每一个这样的网吧都是一个会所。这场试验激发了“占地运动”（squatting-movement）行动分子的想象力，也激发了大学生、创意产业工人和阿姆斯特丹居民的想象力。在巅峰时期，数以千计的人参与其中，推进公众享受网上服务，就关心的问题动员网络投票。但到 20 世纪 90 年代末，初期的热情消退以后，公众参与就落幕了。内耗使之衰落，长期的资金就无从确保了。

更加持久的试验把地域上分散的草根网络联系起来，一些网站受激进的美国学生影响（Hauben and Hauben，1997）。这些网站有：新闻网（Usenet，1979）、因时网（BITNET，1981）、惠多网（FidoNet，1983）、和平网（PeaceNet，1985）。Usenet 的新闻组围绕 UNIX 操作系统展开讨论，是这些试验中最重要的草根网；起初它讨论 UNIX 软件，商议解决问题，后来议题多样化，从堕胎到伊斯兰无所不谈。Usenet 新闻组网站逐渐增加：1979 年只有 3 个，1988 年达到 11 000个，2000 年达 20 000 多个（Naughton，2000：181－82）。这个无名小站起步时靠拨号上网，稍后用上 ARPA 网，然后又用上了互联网。

40

与此同时，由于嬉皮士反文化群体的推进，计算机变成了游戏场。20 世纪 90 年代初出现了一股游戏热，许多人迷恋基于文本的冒险游戏；参与者用化名互动，摆脱了年龄、性别、族群、阶级和残疾的视觉标记。他们欢呼雀跃；在这个空间里，他们可以探索真正的自我、摆脱日常生活的束缚和偏见，更好地神交，以获得主体的解放，并以此为基础去建设一个更加美好的世界（Turkle，1995）。另一些人将其视为使人解放、可以享受虚拟性爱的语境（冒充自己更加年轻、苗条），在这里，他们摆脱了离线世界的常规（Ito，1997）。

反文化还促成了嬉皮士计算机资本主义（hip computer capitalism）的出现。史蒂夫·乔布斯、史蒂夫·沃兹尼亚克（Steve Wozniak）1980 年创办苹果公司；他们就出自那个另类的运动。乔布斯曾游历印度，去寻找个人的觉悟；沃兹尼亚克很迷恋激进的摇滚乐场景，1982 年，他个人出资主办摇滚音乐节，庆贺信息时代的来临。该音乐节吸引的人数超过了伍德斯托克[①]的规模，场上竖起了一块巨大电子屏，上面打着一条简短的讯息：

> 电子技术中发生了信息传播的爆炸。我们认为，这样的信息应该分享给每个人。所有关心民主的思想家都说，民主的关键是获取信息。此刻，机会来了，我们能把信息送到人们的手里，这是前所未有的机会。
>
> （转引自 Flichy，1999：37）

于是，反文化就重新构想，如何利用计算机来推进它愿景中的未来。反文化的行动主义者把互联网从技术精英的工具改造为虚拟共同体的创造力，将其改造为亚文化的游戏场、民主的代理处。

---

① 指伍德斯托克（Woodstock）音乐节。伍德斯托克在美国纽约州东南部，每年 8 月会在此举行摇滚乐盛会。

第六节　欧洲的公共服务

形塑赛博空间的第三种影响是欧洲的福利主义传统，这个传统造就了庞大的公共卫生系统和广播电视系统。互联网生于美国，但万维网生于欧洲，由蒂姆·伯纳斯-李（Tim Berners-Lee）创建，他得到欧洲粒子物理实验室（European Particle Physics Laboratory）的公共基金赞助，该实验室是欧洲粒子物理研究所的下属单位。

给伯纳斯-李提供灵感的是两种重要的理念：开放信息的存取，为公众谋利（知识的仓储放在世界的计算机系统里）；让人们互相交流。伯纳斯-李的父母都是数学家，他在社会服务中完成了自我实现。他不会不假思索地反对市场，但他厌恶市场价值第一的理念。造访美国时，常有人问他，是否后悔没有用自己发明的万维网赚钱；欧洲也有人这样问他，但问的人比较少。他的回答反映了公共服务的价值：

> 隐藏在这个问题里的观念很可怕，会令人疯狂：人的价值取决于他们的地位和财务上的成功，而地位和成功又用金钱来衡量……但我成长中形成的核心价值是把赚钱放在恰当的位置。 *41*
>
> （Berners-Lee，2000：116）

伯纳斯-李希望，不要由私营公司来推进互联网。他认为私营公司会触发竞争，将使互联网分割为若干私营的领域。这样的后果将颠覆他的观念——互联网是世人共享知识的媒介，私有化会损害他研发万维网的宗旨。1993年，他说服他的管理团队开放万维网的代码，免费馈赠给社会。后来，他担任万维网联盟（World Wide Web Consortium）的领袖，以“思考什么是世人的最大利益，而不去思考什么是最佳的商业利益”（Berners-Lee，2000：91）。

因此，互联网的遗赠使公众能免费享用丰富的知识和信息。互联网的灵感来自服务社会而不是满足于个人私利。

第七节　互联网的商业化

形塑赛博空间的第四种影响是市场。前面已经提及，1991年互联网开禁分出公共互联网，开启商业用途，似乎有百利而无一害。它鼓励浏览器和搜索引擎的开发，从而使之对用户友好。正如伯纳斯-李（2000：90）所言，浏览器和搜索引擎的到来“是互联网迈出的非常重要的一步”。

20 世纪 90 年代中期，互联网的方方面面似乎都是极其正面的。诚然，互联网是一个超级大国战争机器的产物，但 1990 年，美国军方把公共互联网的骨干业务分流出来，交给国家科学基金会（National Science Foundation），从此，其军事使命就终结了。学术价值、反文化价值和公共服务价值结合起来，重造了一个开放的公共空间，这是一个去集中化的、多元化的和互动的空间。互联网的用途得到拓宽。日益增长的商业影响似乎只起到一个作用：简化互联网的技术难度、推广其用途、使更多的人受益，这并没有损害其根本性质。

20 世纪 90 年代中期，互联网的市场化被人接受，并没有遭遇尖锐的批评，主要原因是它符合当时的时代精神。麻省理工学院的权威尼古拉斯·尼葛洛庞帝（Nicholas Negroponte）在 1995 年出版的一本书中定下了调子，他笔下的互联网是民主化数字革命不可分割的一部分。他预言，公众将从互联网和数字媒体中主动抽取他们想要的东西，而不是被动接受媒体巨头推给他们的东西。他接着说，42 媒介消费将根据个人的口味“定制”，“大众媒体铁板一块的帝国正在解体为‘小作坊产业’（cottage industry）式的大军”，“工业时代交叉所有权（cross-ownership）的法律”即将过时（Negroponte，1996：57－58 and 85）。与其相似，另一位受人尊敬的网络专家马克·波斯特（1995）断言，人们正在进入“第二媒介时代”，垄断将被多样性取代，发送者和接收者的区分将要消融，被治者将成为治人者。在以上论述和其他的大多数论述中，市场并没有被当成限制互联网解放力的因素。

在 20 世纪 90 年代，市场化前的互联网联盟破裂。有些身在学界的计算机科学家办起了互联网公司，成了百万富翁。另一些计算机科学家默认软件许可证的限制，而大学领导们开始为计算机系寻找赚钱的办法。新一代的计算机产业领袖冒出来，他们不拘礼节，平民做派，似乎与秉持着呆板企业文化的前辈们大不相同。在这种业已改变的环境中，资本主义似乎很新潮：赚钱、表达个性、避免国家控制的方式都很潮。讨论新传播技术的语言变了。“信息高速公路”的暗喻让位于形象浪漫的“赛博空间”，因为“信息高速公路”使人联想到 20 世纪 50 年代国家主导的现代化（Streeter，2003）。一切似乎都令人瞠目，改天换地，使人充满希望。

第八节　商业化的后果

商业化使互联网的性质发生了变化。1997年通过的信用卡交易标准协议大大促进了网上销售。在一定程度上，互联网成了一个大型商场，虚拟商店开张，产品和服务在此出售。

然而，最容易销售的内容并不是少数艺术家富有创意的作品，虽然有些分析师曾以抒情的笔调讴歌这样的作品（比如Anderson，2006）。事实证明，最容易销售的是色情内容和游戏（包括游戏和赌博）。尽管色情内容还不到互联网全部内容的1%（Zook，2007），但据估计，1997年色情内容的搜索却占到17%，2004年时仍有4%（Spink，Patridge and Jansen，2006）。色情内容满足了一个界定分明的市场，包括大批年轻人。在加拿大平均年龄20岁的大学生中，72%的男生和24%的女生坦承，他们访问过色情网站（Boies，2002）。色情网站不仅流行，而且网民愿意为之付钱。2006年，美国成人娱乐业的营业额是28亿美元——而色情网站是其重要的组成部分（Edelman，2009）。与此相似，网上游戏大获成功，全世界的游戏收入估计达到119亿美元（DFC Intelligence，2010）。

但网上购物的起步却花了比较长的一段时间，原因有几个。[5]2008年，自称曾在网上购物的英国人刚刚过半（Office for National Statistics，2008）。到2010年，有网上购物经历的人已达到62%（ONS，2010）。一切迹象表明，网上购物将要出现大发展，并将成为某些产品和服务的主要销售渠道。 *43*

商业化的一个副作用是，它促成的网络广告可能会打扰人。广告业启用的第一招是网页上的横幅广告，接着出现的是各种形态的广告，比如“按键式”、“摩天大厦式”、“弹出式”、“插入式”等，后来又出现了含有视听要素的广告（更像电视广告）。

有人认为，这些发展势头预示着新事物即将来临。他们指出，互联网曾经是非市场化的，内容自由流通，人人可以获取；如今，这个空间却可能变得商品化，销售和广告可能化为主导，必须付费的网站数量激增，损害了互联网作为开放的公共领地的性质。互联网的中性被终结了——互联网体系为富人提供快速的服务（为寒酸的市民提供慢速的服务）。

互联网的市场影响日益增长，一些不太引人注意的控制手段应运而生。一些公司强调的知识产权又可能损害互联网的根基，即开放与合作传统（Lessig，

1999；Weber，2004）。它们在美国和其他地方施压，要求更新知识产权，更有力地保护知识产权。1976年，美国通过的《版权法》(Copyright Act）把版权保护扩展到软件。1998年的《数字千年版权法案》(Digital Millenium Act）加强了对知识产权的保护，大大加强了反盗版的立法，加强了对数字媒体公司的保护。实际上，这是对知识产权的过度保护，损害了网民对网上内容合法的“合理使用”(Lessig，2001)。

更加严格的限制手段是20世纪90年代以后开发的商业化的监控技术(Schiller，2007；Deibert et al.，2008；Zittrain，2008)。一种方法是监控网上的数据及其流动（比如谷歌的搜索），其形式是追踪用户、搜集信息，看用户访问什么网站、在网站上做什么。另一种方法是安装软件，监控计算机及其使用者的活动。这种插件可能潜入其他电脑的“后门”，监控其活动。第三种方法是从不同的源头采集数据、汇编社交网络分析，研究用户的个人兴趣、朋友圈、关系和消费习惯。

监控技术被广泛用于实践。在美国，估计92%的商业网站为经济目的搜集并分析数据，旨在了解用户使用互联网的情况（Lessig，1999：153)。大多数人为了自由存取信息而放弃隐私权，结果使自己很容易受到这种监控的伤害。在美国，首要的“人权”隐私保护相当弱，而欧洲的保护则比较有力。

44

起初，监控技术来自市场营销和广告，后来的应用未必是开发者的意向所指。据2000年发布的一个研究报告，73%的美国公司检查员工上网的情况已然成为日常工作（Castells，2001：74)。更重要的是，我们将在下文看到，独裁政府用商业监控软件来监控和审查互联网。

商业化还使用基于市场的更加微妙的控制形式。尼葛洛庞帝（1996）宣告的那种令人陶醉的愿景比如精品店、“小作坊产业”和消费者自主权，后来被事实证明是太离谱了。到2011年，互联网行业的四巨头已在四个部门牢牢确立了主宰的地位。实际上，其资本化水平俨然使之跻身世界最大巨头的行列：苹果3 310亿美元，微软2 210亿美元，谷歌1 960亿美元，甲骨文1 670亿美元(Naughton，2011a)。它们的经济实力体现在它们对其他企业的限制。比如，苹果2011年设计优美的iPhone和iPad就不允许任何事先未获苹果批准的应用在其上运行。如果不遵从苹果的规则，你的掌上电脑就可能无法工作。支撑这一行径的是新一层次的控制手段——智能电话受制于它们控制的移动网络（与通过固定电话线联网并可以自由编程的计算机对比鲜明）(Naughton，2011b)。

主流媒体也着手在赛博空间里殖民。它们拥有后台分类的内容、大量的现金和技术储备，与广告业关系密切，品牌知名度高，有交叉促销的实力。它们还收购竞争对手，以加强自己的势力。到1998年，在31家访客最多的网站中，超过三分之一的网站附属于媒体巨头（McChesney，1999：163）。十来年后，这类新闻机构主宰了（参见本书第一章[6]）美国和英国访客最多的新闻网站。媒体受众的集中化成为网上消费的显著特征，就像离线消费呈集中化趋势一样（Baker，2007）。虽然有些媒体在互联网行业是新手，但运营模式维持不变。媒体巨头入侵赛博空间的效果同样是提高营运成本。开发并维持吸引受众的多媒体网站成了高成本的生意，使资源有限的外来者难以发起有效的竞争。

搜索引擎的崛起是福祸参半，这一点也十分明显。一方面，它们提供了极大的好处，为用户在网上导航，使其了解网上内容。另一方面，搜索引擎的结构使网民顺着它们指引的方向去使用主流网站（Miller，2000）。因此，英国雅虎2002年按购物、娱乐、商务、个人和链接等"频道"去组织内容。到2011年，它的指引栏目更加多样，但它仍然以简化和限制性的方式去设计内容的结构。谷歌采用的是开放式的无限制搜索，不过，关于某一个特定话题，网民阅读的往往是前10个搜索结果，这10条链接的确定以网民的评分为根据。其结果是使其他的信息来源边缘化（Hindman，2009），只有善于使搜索精细化的少数网民才能从被边缘化的信息来源中搜寻信息。　*45*

总之，在互联网的普及上，商业化发挥了重要作用，使更多公众能用上互联网。然而，商业化又实施经济控制和元数据（metadata）控制，启用了新的监控技术，这就影响了互联网的多样化和自由。

第九节　科学家们的反叛

塑造早期互联网的是不断开拓的进步联合阵线；稍后，这个阵线瓦解，但有一群人坚守立场，岿然不动，他们用踏实的脚步限制了互联网的商业化。这是一个计算机科学家组成的非正式共同体，他们抵制强制实施"专有软件"（proprietary software），即那些只允许专利或版权所有者使用的程序。

他们的反叛始于1984年，那一年，麻省理工学院激进的程序师理查德·斯托曼（Richard Stallman）创建了自由软件基金（Free Software Foundation）。斯托曼的一位同事拒绝传递一个打印机代码，理由是它受专利限制，斯托曼被他激怒。在斯托曼看来，这是在强制推行自私自利，违背了他恪守的合作规范。后来，美国电话电报公司宣布将为 UNIX 操作系统申请专利；这个系统一直在广泛使用、不受限制，这使斯托曼更加怒不可遏。他认为这个系统是一个群体共同创造的，如果用法律授权限制其使用，那无异于让美国电话电报公司掠夺。

理查德·斯托曼是一位富有浪漫色彩的人物，留着连鬓胡子，颇像耶稣使徒。他放弃铁饭碗，单枪匹马地发起自由软件运动，开发有别于 UNIX 的操作系统——GNU 操作系统。1984 年至 1988 年，斯托曼设计了一款编辑器和一款编译器，赢得满堂喝彩，被誉为杰作。但他的手反复受伤，绵延不愈很久，所以他被迫放慢节奏。但 GNU 尚需完善，这时一位默默无闻的芬兰学生挺身而出，协助他完成未竟之志，这位学生名为林纳斯·托瓦兹（Linus Torvalds），斯托曼在赫尔辛基演讲时，他曾到场聆听，并深受其魅力的影响。1990 年，他为斯托曼开发 GNU 核心软件，填补了其中的空缺。他们联手改进了 GNU/Linux 操作系统，使之成为名副其实的最可靠的操作系统之一。他们的系统一路走红，所以 1998 年，IBM 决定搭顺风车，参与对美国电话电报公司的抗议。IBM 决定支持 Linux 系统，答应投资，以进一步改进该系统，且不准备实施任何形式的专利控制。

根据同样的议定条件，IBM 也接受了 Apache 服务器。这个服务器衍生于一个公共基金开发的自由软件。资助单位是伊利诺伊大学的国家超级计算机应用中心（National Center for Supercomputing Applications）。这个软件起初有许多缺
46
陷，一群黑客通过不断的改进，将其更名为“Apache”并使之成为一个广泛使用的服务器。其成功再次说明，IBM 采取的开放源码的路径是正确的。

紧接而来是 2003 年至 2004 年开发的火狐浏览器（Mozilla Firefox），用户可以自由使用这个浏览器。到 2011 年，它成了世界上使用人数第二多的浏览器。在 21 世纪前几年所谓的第二次浏览器战争中，它扮演了关键的角色。尽管很困难，微软的 Internet Explorer 还是保持了主导的地位。火狐浏览器吸引人的特点之一是，它能够拦截网络广告。

多方协同抗议商业化的力量之所以有效，部分原因是利用了国家的支持和保护（激进的自由主义者往往忽略这个因素）。托尔曼创建的自由软件基金在通用公共许可协议（General Public License）的原则下开发软件。这个协议有一个反版权控制的条款，用“著佐权”（copyleft）的文字游戏反对“版权”（copyright），要求对自由软件所做的一切后续的改进向社会开放。如此，合同法和版权法被巧妙地用来防止公司盗用自由软件，它们不能因为做了一些改进就形成自己拥有的

专利。这个条款还用来确保自由软件将来的改进要作为“礼品”回馈给社会。

开放源码运动成功地维护了信息披露的开放传统。它使科学界合作规范的传统永续不断：人们改进技术，开发新的应用（如万维网），其原则是开放信息存取，使人们自由使用新的发现，借以回赠社会。开放源码运动维护了对科学界价值的信仰，科学界在科学进步的过程中始终相信合作、自由和公开辩论。结果，专利软件之外另一条实用的道路就被他们开辟出来了。

开放源码运动借重大学、研究所训练有素的科学家，同时借重计算机产业里的科学家以及卓有才干的黑客。开放源码的积极分子有一个共同的信念：计算机的力量应该被用来为公共利益服务，他们用怀疑的眼光打量任何形式的权威。他们胸怀利他主义动机，同时又在创新的激情和同侪的认可中感到自我满足（Levy，1994）。开放源码运动的共同体还有一些指导原则：标准、规则、决策程序和认可机制。这个运动之所以非常成功，正是因为它有这样一些指导方针（Weber，2004）。

第十节　用户生产的内容

开放源码运动和重振用户参与的协同努力有关系。比如，早在 20 世纪 90 年代，斯托曼倡导编纂基于网络的百科全书，其生成和集体编辑方式就酷似开放源码的生成方式。这一倡导后来由吉米·威尔士（Jimmy Wales）和拉里·桑格（Larry Sanger）实现了，他们于 2001 年创建了维基百科（Wikipedia）并大获成功。到 2008 年，它已经征集到 75 000 位积极参与的撰稿人。2011 年，维基百科已经发布了 1 900 万篇文章，涉及 200 余种语言，覆盖的主题极其广阔。诚然，这些文章的质量参差不齐，但总体上能达到很高的标准，支撑其质量的是集体修正条目的自我矫正的机制。这个机制是集团坚持的共同规范：事实准确，不妨碍网民使用的安全保障，超级链接的长尾学术效应（Benkler，2006；Zittrain，2008）。维基百科的价值得到普遍的认可，到 2011 年 6 月，它已经成为世界上最受欢迎的第七大网站。[7]

47

与维基百科的崛起相伴的是社交媒体的大发展。由哈佛大学学生在 2004 年创建的 Facebook 迅速起飞，是年轻精英的社交网站；2006 年向公众开放以后，它的用户数量呈指数式增长；它容许用户向朋友发送讯息，同时又可以排除不想要的信息。YouTube 在 2005 年创建之初是一个视频共享网站，后来也迅速走红。

用户可以上传自己喜欢的视频，这就为边缘化的表演者和艺术家提供了更多与公众接触的机会。诚然，大多数社交网站是商业网站（YouTube在2006年被谷歌收购），但它们对用户免费，而且依靠这些用户的集体才能和资源。它们成功地延续了自己动手的、社群共享的传统，这是美国的“全球电子链接”（WELL）和阿姆斯特丹的“数字城”等试验的遗产。

早期互联网的激进力量还表现在2006年创建的维基解密（WikiLeaks）中。维基解密是一个小型非营利组织，接受、处理和公布揭秘者和其他人提供的信息。2010年，它公布了一段美国直升机2007年向伊拉克平民开火的视频。接着又大批解密美国的外交电文，除了揭秘功能之外，它使人一窥美国这个非正式帝国的内幕。维基解密和重要的媒体结成战略联盟，借以克服一个艰难的问题：被埋葬于网络世界的汪洋大海里而无人问津的命运。实际上，维基解密扭转了乾坤：用网络储存的数据去细察政府而不是网民了。

第十一节　桀骜不驯的用户

科学家们的反叛之所以有效，部分原因是它得到了桀骜不驯的用户的支持。市场化之前的互联网使人习惯于期待网络内容和软件的自由使用。因此，让网民养成付款消费的新习惯实在是很难。

互联网商业化的早期尝试遭遇困难就说明了问题。1993年，美国国家超级计算机应用中心资助的Mosaic浏览器被放到网上，供人免费使用。不到六个月，这款软件就被下载了100多万次。该软件的团队开办了一家私营公司，推出了一个改进后的商业版本，名曰网景（Netscape），向用户提供三个月的免费试用期。试用期满后，几乎没人理睬付费的要求。网景的管理团队不得不做出选择：是坚持收费还是改变策略？他们决定免费，因为他们担心——这种担心可能也有道理——继续尝试收费可能会使用户改换门庭，转向另一种免费服务。于是，网景转向广告和咨询，将其作为主要的收入来源（Berners-Lee，2000：107－8）。

48

试图收费的其他网络公司也陷入了困境。20世纪90年代，许多公司破产（Schiller，2000；Sparks，2000）。以后的20年间，推销网络内容的尝试也没有多大的进展，有进展的只有三个特别的领域：色情、游戏和金融信息。即使成功收费的网站也难以劝说用户掏腰包（Kim and Hamilton，2006；Curran and Witschge，2010）。面对经济危机，有些报纸在2010年至2011年尝试用这个新商业模式，原本免费的内容改为收费——结果如何尚难评估。然而，经过漫长而痛苦的延宕以后，音乐产业找到了解决网上盗版的妥协办法——减少收费，收到了一定的成效。

起初，人们对网络广告很反感。1994 年，美国的法律事务所坎特和西格尔（Canter and Siegel）在网上打广告，向数以千计的新闻集团提供移民服务咨询。第二天，谩骂的口水（“批评”的帖子）将其淹没，为其提供广告服务的网站亦随之崩溃（Goggin，2000）。1995 年，一份调查发现，三分之二的美国人不想要任何形式的网上广告（McChesney，1999：132）。后来，过滤垃圾邮件的软件问世以后，网上广告才被比较多的人接受了；实际上，许多人选择访问一些分类信息网站比如美国的 Craigslist 和英国的 Gumtree。

第十二节　回眸

由此可见，西方互联网的历史是充满矛盾的编年史。在市场化之前，互联网受到学术界价值追求的强大影响，也受到美国反文化和欧洲公共服务的影响。起初，互联网是一种工具，与军方紧密挂钩，后来它拥有了许多新的功能：虚拟社区的创造者，角色扮演的游戏场，互动式政治辩论的平台。第一阶段的最大亮点是互联网送给世人的一件礼物：自由存取的信息仓库。

然而，这种早期建构还是被新兴的商业王朝压倒了。曾经自由使用的软件坚持要收费；媒体巨人创建了自己资源丰富的网站；搜索引擎谋求广告收入，把访客引向流行的目标网站；新的商务监控技术被用来监管用户的行为，赛博空间的知识产权立法也随之加强。 *49*

但旧秩序不会不挣扎就拱手投降。持不同意见的计算机专家集体开发开放源码软件，将其送给公众。用户习惯互联网早期免费的规范，常常拒绝为网络内容付款，并迅速转向免费网站。在 20 世纪 80 年代让计算机重新焕发想象力并为其找到新的用途的那种精神，在 21 世纪初又开始了强大的复兴。这就催生了用户生成的维基百科、社交媒体以及维基解密之类的揭秘网站。

新旧势力平衡的固有属性就是不稳定。2012 年，赛博空间的商业化比 15 年前更加彻底。互联网能向商业王朝有利的方向迅速变化。然而，总有一批人坚定不移地维护互联网初创时的传统，它们的努力业已取得相当大的成绩。

不过，如果西方主要进步力量的努力是反抗市场审查的话，那么东方人的努力则主要是针对国家的审查。[8]下面我们将转向这个话题，以期初步拓宽互联网历史研究的范围。

第十三节　向民主进军

20 世纪 90 年代，人们普遍预测互联网在全球的扩散可能会推进民主。我们被告知，电脑键盘比秘密警察强大：独裁政权会像多米诺骨牌一样倒台，互联网会激发争取民主的呐喊。[9]

最近的一项研究批驳了这一预测。有人对 1994 年到 2003 年之间 72 个国家进行了比较分析（Groshek，2010）。研究发现，“互联网的传播和国家的民主发展并不直接相关”（Groshek，2010：142）。在克罗地亚、印度尼西亚和墨西哥这三个国家里，互联网似乎注入了相当大的民主内容，但它与实际的民主发展之间的因果关系似乎相当复杂。互联网可以被视为“巧合的发展条件”，但仅仅是大范围社会政治变革的一个方面而已，仅仅是国家民主发展的一个因素（Groshek，2010：159）。

“互联网是独裁的掘墓人”这个命题被证明是夸大其词，原因之一是，它没有意识到，民主仅仅是政府合法性的一个源头。经济发展（新加坡），族群关系（马来西亚），神的意志（伊拉克），对民族解放运动的认同（津巴布韦）——这些因素都是维持韧劲十足的威权主义政府的源头。除了蛮力之外，威权主义政府还采用非压制性的策略来维持自己的统治，比如采用强有力的利民政策；用侍从主义的庇护体制使支持者受惠；实行分而治之的政策（Ghandi and Przeworski，2007；Magaloni，2008）。毕竟，威权主义政府能指望民众从实用主义的态度接受它，支撑这一态度的是民众的收支相抵，还有以娱乐为中心的大众文化。[10]

“自由技术”（technology of freedom）命题出错的第二个原因是，它错误地设想，互联网是难以控制的。在 20 世纪 90 年代，许多人断言，互联网不可能被受地域局限的政府控制，因为互联网是去集中化的系统，信息通过独立的、有活力的路径传播，计算机是分散的。网民被告知：异见者的传播可以在政府行政控制之外生成，可以在用户私密的家里下载；在互联网时代，自由会展翅翱翔，再也不会看到有人压制自由了。

在富有说服力的揭露性记叙中，埃夫琴尼·莫罗佐夫（2011）归纳了世界各地的威权主义政权审查互联网的各种伎俩。简言之，共有七种：监禁、折磨或杀害批评者，借以制造恐惧的气氛；要求国内网站和互联网服务商申请许可证，一旦违规，即可吊销执照；把审查外包给互联网服务商，由它们过滤所有上了政府黑名单的URL（统一资源定位器），无论其定位在世界什么地方；用跟踪软件（比如给刊载了批评者诉求的网址插入一个恶意的链接）监控潜在异见者的互联网行为；用自动软件去识别“有害的”网络出版物比如批评帖子和匿名帖子，并予以扑灭；用编程去战胜对监控的逃避，包括识别代理网站、用“分布式拒绝服务”（DOD）屏蔽批评网站；终极的武器是拉掉开关，关闭互联网在一个地区的传播，暂停短信收发（柬埔寨），或停止一个城市的移动电话服务（伊朗）（Morozov，2011；比较 Deibert et al.，2008；Freedom House，2009）。

很多政府还试图把互联网用做宣传工具，这就是莫罗佐夫所谓的“扭曲的互联网”（spinternet）（2011：13）——不仅靠创办官方网站，而且用更先进的技术手段。比如，通过培植拥护政府的群体来招安异见，俄国的主要互联网企业家康坦丁·李科夫（Kontantin Rykov）就是政府的亲密盟友。在伊朗，2009年至2010年间，通过跟踪电子邮件和手机通信，政府拘捕异见者、围捕批评网站的步伐加快了。在这里，新技术是识别和挤压国家敌人更有效的手段，比苏联曾经的窃听和跟踪更胜一筹。

互联网实际上被控制的程度，在威权主义国家的情况差异很大。在一定程度上，这取决于政府的意志和能力。有些威权主义政权，比如伊朗和乌兹别克斯坦毫无疑问是审查互联网的急先锋；其他一些威权主义政权比如埃塞俄比亚和也门则监管不力；另有一些威权主义政权比如马来西亚和摩洛哥采用比较宽松的互联网政策。[11]

51

实施控制的程度还取决于大范围的语境。有些威权主义政权可以将贫困用做终极的审查手段（如缅甸）（OpenNet Initiative，2009）。其他一些政权比如新加坡控制互联网是因为它得到民众的一致支持。[12] 相比而言，大量的异见（如伊朗）能产生善于规避审查的行动主义者。

总之，预测互联网的崛起将要使威权主义政权倒台的人，眼睁睁地看着大多数威权主义政权在互联网时代存活下来，一个个不禁瞠目结舌。许多威权主义政府拥有大量的资源，能比较好地审查互联网，比20世纪90年代中期赛博乌托邦时期想到的手段更胜一筹。

但最近有一个例外。有人声称新传播技术鼓励人民起义反对独裁者，而且许多人经常重复这一言论，所以它值得我们在接下来仔细地看一看。[13]

第十四节　阿拉伯人的起义

2010 年 12 月 18 日，突尼斯爆发了大规模的街头抗议。接着，声势浩大的示威、集会和占领迫使本·阿里（Ben Ali）总统于 2011 年 1 月 14 日仓皇出逃。不满的情绪传染了埃及人，民众的抗议迫使执政近 30 年的总统穆巴拉克（Hosni Mubarak）于 2 月 11 日辞职。从 1 月到 3 月，民众的抗议席卷了阿拉伯地区。一些地区的抗议因政府自由化改革的承诺而偃旗息鼓，比如摩洛哥和约旦。在巴林，大规模的抗议由于沙特阿拉伯军队的支援而被镇压。也门堕入名副其实的内战；利比亚的卡扎菲政权被推翻；叙利亚爆发了叛乱。以上六国爆发起义，统治者或是被迫流亡，或是遭遇大规模、长时间的抗议风暴。

有些抗议活动的时间很短，又得到技术的支持，所以有些人就将其称为 Twitter 革命或 Facebook 革命（Taylor，2011）。据称，社交媒体使快闪示威（flash demonstration）爆发，并促使抗议活动跨越国界。有人断言，之所以能造成这种前所未有的浩大声势，那是因为人们大规模交流、互相声援的方式是当局无法控制的。整体来说，这种分析把起义的戏剧性部分和传播技术的角色推向前台，却忽略了过去的历史，忽略了更大范围的社会语境（El-Naway，2011；Mullany，2011）。

52

仔细审视就会发现，Twitter 革命和 Facebook 革命的说法站不住脚。阿拉伯地区并没有为传播技术的爆发做好特别准备。对 5 200 万 Twitter 用户的研究表明，埃及、也门和突尼斯的用户仅占 0.027%（Evans，2011）。Facebook 在动荡地区的普及率并不高：叙利亚为 1%，利比亚为 5%，突尼斯为 17%（Dubai School of Government [DSG]，2011：5，figure 6）。埃及和叙利亚的互联网用户还不到人口的四分之一，利比亚的比例还降至 6%（DSG，2011：10，figure 12）。这个百分比远低于亚洲的许多国家和地区。以中国为例，2010 年其互联网用户占人口的 32%（Internet World Stats，2011a）。这说明，传播技术不是点燃阿拉伯地区抗议怒火的特别重要的因素。

2010 年，在这六个发生起义的国家（巴林、埃及、突尼斯、利比亚、叙利亚和也门）中，唯有巴林的 Facebook 普及率高居阿拉伯国家前五名（DSG，2011：5，figure 6；and 12，figure 15）。换句话说，这些起义国家共同的特点是：它们的信息传播技术并不是阿拉伯地区的先锋。[14] 其他国家 Facebook 普及率更高，但并没有把抗议的矛头指向其独裁者，比如沙特阿拉伯和阿拉伯联合酋长国。这表明，起义国家民众的反叛还有更加具体的深层原因。

这一点在这些国家的历史中得到了证实。阿拉伯人的起义不是 Twitter 或 Facebook 的产物，而是数十年异见的发酵（Wright，2008；Hamzawy，2009；Alexander，2010；Joshi，2011；Ottaway and Hamzawy，2011）。在叙利亚，2011 年起义之前曾爆发过 1982 年的反叛，那场反叛是以暴力镇压下去的。也门 1994 年爆发过内战，到 2011 年起义爆发时，也门已然濒临失败国家的边缘。巴林、埃及、利比亚和突尼斯都曾经在 20 世纪 80 年代和 90 年代以及 21 世纪初爆发过抗议浪潮。自 1975 年以来，巴林已退化为一个警察国家，议会也被关闭了。在埃及，2004 年至 2005 年的“受够了”运动（Kefaya Movement）把分散的反政府群体团结起来。在 2008 年的头三个月，埃及爆发的抗议就多达 600 场。火药桶一点就燃了。

潜隐在这种爆炸性局势之下的是一套混合的因素，有些是这六个起义国家共有的，有些是某国特有的。一个相同的因素是对腐败和高压政权日益高涨的反抗。在突尼斯和利比亚，愤怒的情绪尤其强烈，人们觉得，经济发展的好处流向了贴近政权的人（Durac and Cavatorta，2009）。

这些国家爆发起义的另一个共同的因素是高失业率，以及与之相伴的日益高涨的期望值。阿拉伯国家发展了高等教育，15 岁以上的学生的升学率提高了（Cassidy，2011；Barro and Lee，2010）。越来越多的接受过教育的人发现，劳动市场并没有给他们提供就业机会。由此产生的愤怒和失望成了政治动乱的重要驱动力，震撼了阿拉伯世界（Campante and Chor，2011），颇像点燃了昔日反抗英帝国殖民主义浪潮的抗议活动。

还有一些特别具体的经济因素。在所有出事的国家里，都存在高失业率和低就业率的问题，而且年轻人的失业率特别高。在有些国家里，早些时候比较宽松的政策导致了公共津贴和工作岗位的减少。总体上，高涨的物价给不满情绪火上浇油。经济因素在促发突尼斯抗议活动的成因中特别明显，抗议活动首先在比较穷困的地区爆发；在埃及，工会扮演了重要的角色。 *53*

此外，精英集团内部的紧张关系、部落冲突和宗教仇恨也是起义的促发因素。巴林执政的占人口少数的逊尼派就遭到了什叶派的强烈反对；叙利亚的逊尼派强烈反对世俗的政权；也门“折中”的政府遭到了宗教激进主义者的抵抗。

总之，有一条共同的线索贯穿这些起义国家：异见者积极行动抗拒政府，时间长达几十年。异见者的对抗加重了经济、政治和宗教等方面的危机。数字媒体的角色仅仅是第二位的。

然而，当局失去对通信的控制也是重要的因素。在突尼斯，两个电视频道起初低调处理动乱和平民的伤亡，然后又试图把示威者妖魔化为恶棍和匪徒（Miladi，2011）。突尼斯政府还屏蔽了 Facebook 和博客里的批评，并加强“网络钓鱼”（phishing），套取信息，使异见者的网络瘫痪。在埃及，在 2011 年 1 月 25 日大规模的示威之后，当局屏蔽了 Twitter、Facebook 和手机短信，试图釜底抽薪；1 月 27 日变本加厉，干脆关闭互联网。与此相似，利比亚当局命令完全关闭互联网。但在这三个国家里，当局这一步棋都太晚了，镇压并非完全有效。

不同的媒体在起义中扮演了什么角色，这又是难以确定的。不过，在动员和协调抗议活动中，手机似乎特别重要。抗议者还拍摄抗议活动，把视频交给卡塔尔的半岛电视台，经过专业人员剪辑后在阿拉伯地区播出。此外，这些视频还为西方的电视机构提供信息；对西方大国尤其美国而言，这些信息意义重大，因为它们与突尼斯和埃及的军方以及反对卡扎菲的叛乱者都关系密切。

少数技术高手中的异见者智取当局，这一点似乎具有战略意义。哈布撰文透露（Harb，2011），“阿拉伯的行动分子开始交换密码和软件，使埃及人能突破政府的封堵翻墙上网。”谷歌也介入其中，其 2011 年提供的新软件使抗议者能用电话发 Twitter（Oreskovic，2011）。在很长一段时间里，阿拉伯的行动分子都成了非正式的出版人，他们翻译网络内容，传播视频；用突尼斯的一位博主萨米·宾·加比亚（Sami bin Gharbia）的话说，抗议者“成了街头抗议的共鸣箱”（转引自 Ghannam，2011）。这个共鸣箱被西方同情者的推文进一步放大了。

54

简而言之，这些起义有深层的原因，早就有抗议的预兆，只不过多半被西方忽视了。不过，新媒体的出现，尤其手机、互联网和泛阿拉伯的卫星电视有助于异见的积累，加速了抗议活动的实际组织过程，将抗议活动的新闻传遍整个阿拉伯地区，传遍全世界。如果说数字通信技术不是起义的原因，那么它至少加强了起义者的力量。[15]诚然，新技术加强了起义的力量，但它是否强大到不仅能推翻政权，而且能带来真正的变革呢？这个问题尚待观察。

第十五节　妇女的进步

如果说上述重大历史变革是向民主的蹒跚进军，那么另一个变革就是妇女的进步。男女不平等的问题由来已久，男女在收入、生活机会和社会影响方面差别都很大。不过，世界各地的男女差别已有所缓减——尽管发展并不平衡（Hufton，1995；Rowbotham，1997；Kent，1999；Sakr，2004）。支撑这一历史变革的是服务业的兴起、妇女就业势头的上升、社会性别归属观念的衰落、教育水平的进步、避孕方法的改进、女性主义的兴起，为性别不平等合法化张目的所谓理论也“锈迹斑斑”了。

互联网的发展与这一历史潮流有关：它为有组织的妇女运动提供了一种工具。在伊斯兰国家里，19 世纪末主要的伊斯兰改革家鼓励思想更为解放的观点的传播（Hadj-Moussa，2009）。到 20 世纪 80 年代，妇女运动成了中东和北非的一支政治力量。女性主义者评论禁忌的话题比如家庭暴力、性骚扰、女性生殖器的损伤和强奸，引起争议（Skalli，2006）。她们的影响逐渐增强，在年轻的精英女性和受过良好教育的女性中，她们的影响尤其大。但在阿拉伯地区，妇女上网特别受限制（Wheeler，2004：139，table 9.1）。在这个语境里，妇女的识字率相当低。

虽然障碍重重，妇女运动却有重大的收获。在 20 世纪 80 年代的摩洛哥，新一代的妇女组织出现了，她们在正式的政治圈子外也很活跃。到 21 世纪初，她们把互联网纳入了自己造势活动的一部分，摩洛哥互联网的普及率高于邻国，这是推进妇女运动的一个因素。妇女运动的主要矛头指向掌控结婚、离婚和子女赡养的家庭法典《家庭法》（Moudawana），这部法律几乎没有赋予女性多少权利。2003 年，妇女运动促成了《家庭法》的改革，废除了许多歧视妇女的积习，将最低婚龄从 15 岁提高到 18 岁，妇女婚前再也不必事事由监护人批准，妇女被赋予了离婚的权利（Tavaana，2011）。 55

这一场胜利和其他胜利之所以到来，是由于这个地区的所有媒体的一致努力。这引起了持续的强烈反弹，科威特的女编辑哈达娅·阿尔-萨利姆（Hedaya Al-Saleem）被害（谋害她的凶手被判有罪），阿尔及利亚几名女记者被杀（Skalli，2006：41）。这样的迫害增强了妇女运动的凝聚力，妇女运动跨越边界，她们在网上交流、互相支援。

但中东北非地区妇女运动最强劲的前哨是伊朗，这是个操波斯语的神权政治国家。1978 年到 2005 年间，妇女运动的非政府组织从 13 个增加到 430 个。妇女运动的壮大之所以反映在网上，那是因为伊朗 49％的互联网用户是妇女，这个比例高出中东北非地区的大多数国家。伊朗妇女在博客中讨论得最多的问题有：离婚、石刑、禁止妇女参加体育运动以及歧视性的法律（Shirazi，2011）。此外，其他进步博客还讨论个人政治，“太阳女士”（Lady Sun）广受欢迎的博客就是一例（Sreberny and Khiabany，2010）。

这一幅景观把互联网描绘为中东妇女运动的左膀右臂，但我们需要对这幅画面做两点修正。首先，很多网络内容受男性至上价值的影响，对妇女解放抱敌视态度。其次，可能只有很少的妇女阅读直接来自妇女运动的网络内容。2004 年，惠勒（Wheeler，2007）对埃及女青年互联网用户做了小规模的调查，结果显示，妇女的博客和出版物并不引人注目。她的受访者们常常在网吧里一待几个小时，但她们的目的相当功利：搜寻写论文的资料，提高英语水平以便找到更好的工作。正是通过和其他妇女进行这样的互动，而不是与有组织的运动建立联系，她们才绕开保守的约束而得到支持。

对抗性别不平等的一种方式是通过有组织的行动改变它，另一种方式则是抱定个人的明确目标，勇敢前进，以战胜不平等的命运。金咏娜（Youna Kim，2010）生动地展示了亚洲年轻妇女的困境，由于教育上的成功，有时还加上有权势的背景，她们对未来的期望值很高，却进入了男性主导的职场，韩国、日本和中国的年轻妇女都遭遇了这样的尴尬。在这个案例研究中，她们“反叛”的方式是向西方逃亡——去西方读研究生以寻求发挥才能、实现抱负。她们逃亡的灵感之一来自好莱坞塑造的女性形象——独立自主，能够掌握自己的命运。受访者承认，这是虚构的理想；同时她们又希望，这样的理想有一定的真实性。这些现象给她们灌输了乌托邦的自我幻想，她们要在西方语境中将自我重新塑造成独立自主的女性，把自己放在自己“传记的中心”（Kim，2010：40）。 *56*

一个与此无关的研究可使人管窥互联网在文化动态里的特色。黄雅倩（Yachien Huang，2008）发现，在台湾，接受过大学教育的女性往往喜欢在电脑上看美国电视剧《欲望都市》（*Sex and the City*），而不是在家里的电视机上看，因为家里的电视机常常被男性霸占。互联网论坛也给她们提供了议论这部电视剧以及辩论的机会。电视剧的魅力部分来自她们所处的转型期。女性的购买力和经济期望值提高了，但在台湾社会传统文化中没有出现相应变化。这部电视剧展现的是曼哈顿独立、富裕女性的享乐主义的世界，为台湾妇女提供了一种“文化资源”，使她们能在做“好女孩”和追求“个性化的生活和开放的性欲”之间达成妥协（Huang，2008：199）。这是她们在男性主导的世界里寻求“代理机制”（agency）的灵感源头，但这个机制走的是个人的、个性化的路线。正如一位受访者所言，这部电视剧的教益是："选择你之所想，不要顾影自怜"（Huang，2008：196）。

如此，互联网的历史与争取性别平等的斗争是连在一起的。互联网是一种工具，为中东和其他地区有组织的妇女解放运动服务。互联网使独立自主的妇女形象广泛流通，激励个人去解决性别不平等的问题。

第十六节　互联网与个人主义

以上我们谈到的最后一种对抗性别不平等的方式也是另一种历史变革的一个方面。价值和信仰经历了一个长期积累的变革过程，集体主义的价值和信仰正逐渐被优先满足个人需要、欲望和志向的价值和信仰取代。促成这一转化的因素有：市场机制的兴起，日益增加的流动性，风俗和传统的式微，家庭和集体组织影响力的衰减（Beck and Beck-Gernsheim，2001）。

有人认为，互联网鼓励更偏重个人中心的取向，而这是由互联网的DNA决定的。巴里·韦尔曼（Barry Wellman）研究团队说：

> 个人化（personalization）的发展、无线上网的便捷性、无所不在的互联网链接，这一切都促使网络化的个人主义（networked individualism）成为社会的基础。因为网络链接是与人的联系而不是与场所的联系，所以互联网技术使人与工作和社会的联系发生转化：从人与特定场所的联系转变为人与任何场所的联系。网络辅助的传播无处不在，却无处定位。这种孑然一身的自我（I-alone）无处不达，无论我在家里、宾馆里、办公室里，还是公路上、购物中心，都处处可达。个人成了互联网的门户网站。
>
> （Wellman et al.，2003）

57

韦尔曼及其同仁断言，互联网强化了"网络化的个人主义"，损害了"群体或地域的团结"。这个观点与一般的论点有所区别，它认为，由于消除了空间距离，互联网侵蚀了个人与工作场所或近距离群体的关系，使个人和思想相近的人联系起来，无论距离远近（Cairncross，1997）。

这个正统观点似乎有道理，但它忽视了一个问题：在真实世界中，社群主义也能形塑网络上的经验。因此，米勒和斯莱特（Miller and Slater，2000）发现，特立尼达强烈的民族主义情绪造成了民族主义的网络内容的出现。连聊天室的闲聊也能唤起"特立尼人"（Trini）的身份认同感——善于沟通、热情、妙语连珠——这被认为是特立尼达岛国特色鲜明的民族文化。与外国人在网上交流时，他们也觉得自己是非正式的民间大使。如此，强烈的民族意识注入他们的网络经验，支持他们共同的身份认同感。米勒和斯莱特认为，支撑特立尼达人这种强烈民族归属感的是关于奴隶制、移民和社会错位的历史经验。

与此相似，马达维·马拉普拉加达（Madhavi Mallapragada，2000）对移民和旅居国外的印度人进行研究后，得出了这一点结论：互联网被其广泛用来维持与祖国的联系。她的受访者在网上搜索印度的文化传统；有些人讨论如何与正在被外族文化同化的孩子打交道。少数人甚至在网上为家庭成员和印度国内的人当婚姻介绍人。同样，拉里·格罗斯（Larry Gross，2003）指出，当同性恋者遭遇现实生活中的迫害和歧视时，互联网给世界各地的同性恋者提供情感支持、实用的咨询和归属感。在这两个例子里，互联网都支持"群体的或地域的团结"：如果称之为"网络化的个人主义"，那就是离题万里，因为他们追求并肯定的是集体身份。

同样类似的是，日本的集体文化产生了"尼可"（Nico Nico Dougwa）这样的视频共享网站，用户的评论放在视频的上方，而不是写在其下方。评论简要、风趣，限定十条。任何人都可以删除一条，用自己的评论取代它，这就造成一种生动活泼、集体围观的氛围，和看足球赛不无相同之处：公众自发地发表各种议论。

该网站追随者甚众，2008 年的活跃用户达 500 万。追随者形成了一种"尼可酷"（kuuki）文化——"一种共享的氛围，谁要是想要评论得体、理解成为'尼可粉丝'（Nico Chuu）的快乐，谁就要能融入这样的氛围"（Bachmann，2008a：2）。评论者匿名的做法强化了群体和睦的气氛，评论者甚至不必用匿名的标签。但如果特色鲜明的风格得到大家认可，大家就会给这位发帖人取一个绰号。

58

很显然，"尼可"是群体中心文化的产物。但反映多样性回应的"标签战"（tag war）也可能瓦解群体的内聚力。网络匿名也可能掩盖离线世界里不能接受的富有争议的观点。巴赫曼（Bachmann，2008b）指出，这一点在日本的网络论坛"2 频道"（2channel）上更明显。他总体上的结论是，他研究的日本网络现象反映并强化了群体和睦的感觉，不过有时也表现出逃避群体控制的欲望。

这些案例多半取自西方之外，将它们统一起来的线索是：真实世界里强有力的集体生活经验能渗入个人的网上生活经验。结果，互联网有助于群体身份的维持，不过这一功能有时又呈现出复杂或矛盾的样子。其中隐含的命题是：互联网的社会影响在集体主义的东方有别于更加倾向于以个人为中心的西方。

但变革的动力正走向更强劲的个人主义，即使在东方也是这样的。即使在集体主义的社会里，互联网也能提供个人身份表达的空间。如此，有人对日本学生使用高级手机的情况进行研究后得出结论说，它强化了个人主义，以三种独特的方式加强了“内质”（interiority）（McVeigh，2003）。手机是人造物，学生可以挑选颜色、功能、铃声和配件（如色彩鲜明的手机挂件）加强自己的个性。凭借短信和电子邮件，手机让人容易表达个人的情感。尤为重要的是，手机强化“个人化的个性特征”（personalized individualization），给人拥有个人空间的感觉。在日本，生活空间往往比较逼仄；雇主对雇员、老师对学生往往实施高标准的监察。学生反复强调说，手机使他们能和朋友悄悄地交流，并营造“自己的小天地”（McVeigh，2003：47－48）。但这一研究结果中，可能有一些感觉是这位西方作者难以觉察到的，比如学生们是在强烈的群体语境中表现自己是独特的个体——他们是东京大学的学生。

西玛（Sima）和帕格斯利（Pugsley）对中国博客和博主的研究（2010）也指出，互联网使人能展示个性，使自我反思和自我发现的公开过程成为可能。他们说，这既反映又表现了中国“80后”更强的个性，他们成长于日益强劲的消费主义之下和独生子女家庭里，环境促成了年轻人更强调自我的倾向。然而，他们这篇文章的例证显示，个人的声音有时能表现为集体的声音，也就是中国新一代的声音（Sima and Pugsley，2010：301）。

总体上，互联网用做自我传播的媒介功能兴起了，这个功能成就了更多的自我表达，也许还加强了个人主义的趋势。表面上看，这是西方的趋势（Castells，2009）；但有证据表明，互联网也强化了亚洲走向个人主义的趋势。然而，群体身份在世界许多地方仍然很鲜明，并影响着互联网的使用。

59

第十七节　回顾

研究互联网历史的学者倾向于在早期的、伊甸园式的阶段上着力，其重点是西方互联网的发展。与此相对，我们这本书对这一历史进行了修正，强调指出，后期的商业化扭曲了西方的互联网，同时，国家的审查钳制了东方的互联网。公司影响的增长，网络受众的集中，商业监察技术的开发，知识产权法的强化，这一切都是市场化的结果，给互联网强加了一套新的限制。与此相似，互联网在北半球和西方之外发展的过程中，限制性许可制度实施了，国家审查外包给了互联网服务供应商，商业监察技术适应了国家监察的需要，这又给互联网强加了一套控制的手段。总之，在互联网兴起的过程中，自由使用的互联网资源却减少了。

然而，这个倾向在东方和西方都受到抵制。开放源码运动兴起了，人们不愿意为网络内容付费，用户生成的传统复兴了；这一切都表示，人们试图扭转互联网的商业转化。与此相似，勇敢的异见者黑客用智慧战胜了埃及等威权主义政府，他们维持着自由互联网的活力。维基百科的创建者和开罗的黑客是同一工程两个部分：他们以不同的方式延续着互联网创建时的传统和愿景。

如果说重新思考互联网历史的任务之一是充分考虑其后期的发展，那么，另一个任务就是将其作为全球现象来叙述，而不是将其视为囿于西方的现象。我们这个初步的探索难免挂一漏万，但我们断定，互联网在推翻威权主义政府中的作用并不像人们预期的那样有效。此外，互联网通过提供组织妇女运动的工具，以及有时传播好莱坞女性主义产品的盗版，推动了妇女的进步。更有争议的是，互联网的自我传播似乎促进了自我的表达和坚持；不过，证据还表明，集体性强的群体文化可以产生互联网支持集体身份的结果。

互联网与社会的互动是复杂的。本章的探索尚不完备，只是表明：两者的关系因时因地而异。但即使给这样的复杂性留下余地，也已有足够的证据指向一个扎扎实实的结论：总体来说，社会对互联网的影响胜过互联网对社会的影响。许多关于互联网的预言尚未实现，其原因就在这里，本书的第一章和第二章对这些预言做了简单的介绍。

这不是研究新传播技术的新奇洞见。19 世纪 80 年代英国理想主义的自由派人士就明白这个道理。他们意识到，大众报刊并没有像人们预期的那样成为理性和道德灌输的工具，相反，它们广泛反映了报刊控制者和读者的意向（Hampton，2004）。这些自由派人士比较明智，更具有怀疑的精神，他们把首字母大写的“Newspaper Press”改为小写的“newspaper press”。也许，我们应该起而效仿，把首字母大写的“Internet”改为小写的“internet”。

注释

[1] 感谢乔安娜·雷登和贾斯汀·施洛斯伯格（Justin Schlosberg）对本章研究提供的宝贵帮助。

［2］诺顿（Naughton，2000）摆脱史学家的羁绊，他在该书的最后一章里指出商业主义对未来互联网的威胁。这体现了这本书的原创性，迄今为止，它仍然是互联网技术发展最出色的历史记述，有力地传达了应用计算机科学令人振奋历史和前景。

［3］这一挑战来自各种不同的方向，柯兰（2002，2011）对这样的历史记述做了小结，汉普顿（Hampton，2004）用当下的思想对此做了介绍。

［4］这些历史记述仍然对互联网表示敬畏，其反映是将互联网“Internet”首字母大写。

［5］见本书第一章第6～7页。

［6］见本书第19～20页。

［7］这些未经证实的数据来源于维基百科（2009，2011）。

［8］然而，西方的互联网并没有摆脱政府控制，而是在审查上与政府结盟。关于政府要维基解密封口的情况，见本书第四章。

［9］莫罗佐夫（Morozov，2011）和莫斯可（Mosco，2005）征引了许多政界人士、公务员、新闻记者和学界人士的预测，借以显示：互联网的崛起会瓦解专制政权。至于承继了这个传统的更加谨慎、学术性更强的观点，见霍华德（Howard，2011）的论断：互联网是民主化“菜谱”的关键“调料”。

［10］莫罗佐夫（2011：58）提供了一个去政治化的例子。他指出，俄国搜索量最大的网站之一是关于“如何减肥”的，而不是损害人权的现象。

［11］“开放网倡议”（The OpenNet Initiative，2011）是四所学术机构合作的项目，提供了审查制度的国别研究，简明实用，我们的信息取自这一网站。

［12］见本书第一章。

［13］这里的考察不包括伊朗的抗议活动，本书第五章将介绍伊朗的抗议活动。

［14］以2011年为例，24％的埃及人使用互联网，41％的摩洛哥人使用互联网，44％的沙特人上网，69％的阿联酋人上网（Internet World Stats，201lb）。

［15］最近的一项研究（Alexander，2011）显示，互联网和卫星电视是促成埃及起义的因素，但它低估了反叛的深层原因。

参考文献

Abbate，J.（2000）*Inventing the Internet*，Cambridge，MA：MIT Press.

Alexander, A. (2010) 'Leadership and Collective Action in the Egyptian Trade Unions', *Work Employment Society*, 24: 241 - 59.

61 Alexander, J. (2011) *Performative Revolution in Egypt*, London: Bloomsbury.

Anderson, C. (2006) *The Long Tail*, London: Business Books.

Bachmann, G. (2008a) 'Wunderbar! Nico Nico Douga Goes German-and Some Hesitant Reflections on Japaneseness', London: Goldsmiths Leverhulme Media Research Centre. Online. Available HTTP: < http://www.gold.ac.uk/media-research-centre/project2/project2-outputs/> (accessed 20 June 2011).

—— (2008b) 'The Force of Affirmative Metadata', paper presented at the Force of Metadata Symposium, Goldsmiths, University of London, November.

Baker, C. E. (2007) *Media Concentration and Democracy*, New York: Cambridge University Press.

Banks, M. (2008) *On the Way to the Web*, Berkeley, CA: Apress.

Barro, R. and Lee, J.-W. (2010) 'A New Data Set of Educational Attainment in the World, 1950-2010', NBER Working Paper No. 15902 the National Bureau of Economic Research. Online. Available HTTP: <http://www.nber.org/papers/w15902> (accessed 12 February 2011).

Beck, U. and Beck-Gernsheim, E. (2001) *Individualization*, London: Sage.

Benkler, Y. (2006) *The Wealth of Nations*, New Haven: Yale University Press.

Berners-Lee, T. (2000) *Weaving the Web*, London: Orion.

Boies, S. C. (2002) 'University Students' Uses of and Reactions to Online Sexual Information and Entertainment: Links to Online and Offline Sexual Behaviour', *Canadian Journal of Human Sexuality*, 11 (2): 77 - 89.

Cairncross, F. (1997) *The Death of Distance*, Boston, MA: Harvard Business School Press.

Campante, F. R. and Chor, D. (2011) ' "The People Want the Fall of the Regime": Schooling, Political Protest, and the Economy', Faculty Research Working Paper Series. Harvard Kennedy School. Online. Available HTTP:

<http://jrnetsolserver. shorensteincente. netdna-cdn. com/wp-content/uploads/2011/07/RWP11-018 _ Campante _Chor. pdf> (accessed 2 July 2011).

Cassidy, J. (2011) 'Prophet Motive', *New Yorker*, 28 February: 32 - 35.

Castells, M. (2001) *The Internet Galaxy*, Oxford: Oxford University Press.

—— (2009) *Communication Power*, Oxford: Oxford University Press.

Comer, D. (2007) *The Internet Book*, London: Pearson Education.

Curran, J. (2002) *Media and Power*, London: Routledge.

—— (2011) *Media and Democracy*, London: Routledge.

Curran, J. and Witschge, T. (2010) 'Liberal Dreams and the Internet', in N. Fenton (ed.) *New Media, Old News: Journalism and Democracy in the Digital Age*, London: Sage.

Deibert, R., Palfrey, J., Rohozinski, J. and Zittrain, J. (eds) (2008) *Access Denied: The Practice and Policy of Global Internet Filtering*, Cambridge, MA: MIT Press. Online. Available HTTP: < http: //opennet. net/accessdenied > (accessed 15 May 2011).

DFC Intelligence (2010) 'Tracking the Growth of Online Game Usage and Distribution', 8 October. Online. Available HTTP: <http: //www. dfcint. com/wp/? p=292> (accessed 19 February 2011).

DSG (Dubai School of Government) (2011) *Arab Social Media Report*, 2. Online. Available HTTP: < http: //www. dsg. ae/portals/0/ASM2. pdf > (accessed 25 June 2011).

Durac, V. and Cavatorta, F. (2009) 'Strengthening Authoritarian Rule through Democracy Promotion? Examining the Paradox of the US and EU Security Strategies: The Case of Bin Ali's Tunisia', *British Journal of Middle Eastern Studies*, 36 (1): 3 - 19.

Edelman, B. (2009) 'Red Light States: Who Buys Online Adult Entertainment?', *Journal of Economic Perspectives*, 23 (1): 209 - 20.

Edwards, P. (1996) *The Closed World*, Cambridge, MA: MIT Press. 62

El-Naway, M. (2011) *Sunday Mirror*, 20 February, p. 8.

Evans, M. (2011) 'Egypt Crisis: The Revolution Will Not Be Tweeted',

Sysomos Blog. Online. Available HTTP：＜http：//blog. sysomos. com/2011/01/31/egyptian-crisis-twitte/＞（accessed 25 June 2011）.

Flichy，P.（1999）‘The Construction of New Digital Media’，*New Media and Society*，1（1）：33－39.

——（2006）‘New Media History’，in L. Lievrouw and S. Livingstone（eds）*The Handbook of New Media*，rev. edn. London：Sage.

——（2007）*The Internet Imaginaire*，Cambridge，MA：MIT Press.

Freedom House（2009）‘Freedom on the net：a Global Assessment of Internet and Digital Media’. Online. Available HTTP：＜http：//freedomhouse. org/uploads/specialreports/NetFreedom2009/FreedomOnTheNet _ FullReport. pdf＞（accessed 2 August 2011）.

Fukuyama，F.（1993）*The End of History and the Last Man*，Harmondsworth：Penguin.

George，C.（2005）‘The Internet's Political Impact and the Penetration/Participation Paradox in Malaysia and Singapore’，*Media，Culture and Society*，27（6）：903－20.

Ghandi，J. and Przeworski，A.（2007）‘Authoritarian Institutions and the Survival of Autocrats’，*Comparative Political Studies*，40（11）：1279－1301.

Ghannam，J.（2011）‘Social Media in the Arab World：Leading up to the Uprisings of 2011’，Centre for International Media Assistance，CIMA：Washington，DC.

Gillies，J. and Cailliau，R.（2000）*How the Web Was Born*，Oxford：Oxford University Press.

Goggin，G.（2000）‘Pay per Browse? The Web's Commercial Future’，in D. Gauntlett（ed.）*Web Studies*，London：Arnold.

Grant，J.（1871-72）*The Newspaper Press*，3 vols，London：Tinsley Brothers.

Groshek，J.（2010）‘A Time-series，Multinational Analysis of Democratic Forecasts and Internet Diffusion’，*International Journal of Communication*，4：142－74.

Gross，L.（2003）‘The Gay Global Village in Cyberspace’，in N. Couldry and J. Curran (eds) *Contesting Media Power*, Boulder, CO: Rowman and Littlefield.

Hadj-Moussa, R. (2009) 'Arab Women: Beyond Politics', in P. Essed, D. Goldberg and A. Kobayashi (eds) *A Companion to Gender Studies*, Malden, MA: Blackwell.

Hafner, K. and Lyon, M. (2003) *Where Wizards Stay up Late*, London: Pocket Books.

Hampton, M. (2004) *Visions of the Press in Britain*, 1850-1950, Urbana: University of Illinois Press.

Hamzawy, A. (2009) 'Rising Social Distress: the Case of Morocco, Egypt, and Jordan', *International Economic Bulletin*, Carnegie Endowment for International Peace. Online. Available HTTP: <http://www.carnegieendowment.org/ieb/?fa=view&id=23290> (accessed 15 June 2011).

Harb, Z. (2011) 'Arab Revolutions and the Social Media Effect', *M/C Journal*, 14 (2). Online. Available HTTP: <http://journal.media-culture.org.au/index.php/mcjournal/article/viewArticle/364> (accessed 23 October 2011).

Hauben, M. and Hauben, R. (1997) *Netizens*, New York: Columbia University Press.

Hindman, M. (2009) *The Myth of Digital Democracy*, Princeton: Princeton University Press.

Howard. P. (2011) *The Digital Origins of Dictatorship and Democracy*, New York: Oxford University Press.

Huang, Y. (2008) 'Consuming Sex and the City: Young Taiwanese Women Contesting Sexuality', in Y. Kim (ed.) *Media Consumption and Everyday Life in Asia*, Milton Park: Routledge.

Hufton, O. (1995) *The Prospect before Her*, London: HarperCollins.

Hunt, F. K. (1850) *The Fourth Estate: Contributions towards a History of Newspapers and the Liberty of the Press*, London: David Bogue. 63

Internet World Stats (2011a) 'Usage and Population Statistics: China', Miniwatts Marketing Group. Online. Available HTTP: http://www.internetworldstats. com/asia/cn. htm（accessed 3 August 2011）.

Internet World Stats（2011b）‘Usage and Population Statistics：Mid East’，Miniwatts Marketing Group. Online. Available HTTP：http：//www. internetworldstats. com/stats5. htm（accessed 4 December 2011）.

Ito，M.（1997）‘Virtually Embodied：The Reality of Fantasy in a Multi-User Dungeon’，in D. Porter（ed.）*Internet Culture*，New York：Routledge.

ITU（2010）*Measuring the Information Society*，Geneva：International Telecommunication Union. Online. Available HTTP：<http：//www. itu. int/ITU-D/ict/publications/idi/2010/Material/MIS_2010_without_annex_4-e. pdf>（last accessed 19 April 2011）.

Joshi，S.（2011）‘Reflections on the Arab Revolutions：Order，Democracy and Western Policy’，*Rusi Journal*，156（2）：60－66.

Kent，S. K.（1999）*Gender and Power in Britain*，*1640-1990*，London：Routledge.

Kim，E. and Hamilton，J.（2006）‘Capitulation to Capital? OhmyNews as Alternative Media’，*Media*，*Culture and Society*，28（4）：541－60.

Kim，Y.（2010）‘Female Individualization? Transnational Mobility and Media Consumption of Asian Women’，*Media*，*Culture and Society*，32：25－43.

Lessig，L.（1999）*Code and Other Laws of Cyberspace*，New York：Basic Books.

——（2001）*The Future of Ideas*，New York：Random House.

Levy，S.（1994）*Hackers*，London：Penguin.

McChesney，R.（1999）*Rich Media*，*Poor Democracy*，Urbana：University of Illinois Press.

McVeigh，Brian J.（2003）‘Individualization，Individuality，Interiority，and the Internet：Japanese University Students and E-mail’，in N. Gottlieb and M. McLelland（eds）*Japanese Cybercultures*，New York：Routledge.

Magaloni，B.（2008）‘Credible Power-sharing and the Longevity of Authoritarian Rule’，*Comparative Political Studies*，41（4/5）：715－41.

Mallapragada，M.（2000）‘The Indian Diaspora in the USA and around the World’，in D. Gauntlett（ed.）*Web Studies*，London：Arnold.

Miladi，N.（2011）‘Tunisia-a Media Led Revolution’，*Aljazeera. net*. Online. Available HTTP：<http：//english. aljazeera. net/indepth/opinion/2011/01/2011116142317498666. html>（accessed 24 June 2011）.

Miller，D. and Slater，D.（2000）*The Internet*，Oxford：Berg.

Miller，V.（2000）‘Search Engines，Portals and Global Capitalism’，in D. Gauntlett（ed.）*Web Studies*，London：Arnold.

Morozov，E.（2011）*The Net Delusion*，London：Allen Lane.

Mosco，V.（2005）*The Digital Sublime*，Cambridge，MA：MIT Press.

Mullany，A.（2011）‘Egyptian Uprising Plays out on Social Media Sites Despite Government's Internet Restrictions’，*New York Daily News*，29 January. Online. Available HTTP：< http：//articles. nydailynews. com/2011-01-29/news/27738202 _ 1 _ election-protests-anti-government-protests-social-media>（accessed 20 August 2011）.

Naughton，J.（2000）*A Brief History of the Future*，London：Phoenix.

——（2011a）‘Forget Google-It's Apple that Is Turning into the Evil Empire’，*Observer*，6 March.

——（2011b）‘Smartphones Could Mean the End of the Web as We Know It’，*Observer*，17 July.

Negroponte，N.（1996；1995）*Being Digital*，rev. edn，London：Hodder and Stoughton. *64*

Norberg，A. and O'Neil，J.（1996）*Transforming Computer Technology*，Baltimore，MD：Johns Hopkins University Press.

ONS（Office for National Statistics）（2007）‘Consumer Durables’，London：Office for National Statistics. Online. Available HTTP：<http：//www. statistics. gov. uk/cci/ nugget. asp? id=868>（accessed 14 February 2008).

——（2008）*Internet Access* 2008，London：Office for National Statistics. Online. Available HTTP：< http：//www. statistics. gov. uk/pdfdir/iahi0808. pdf >（accessed 14 February 2009）.

——（2010）*Internet Access*，London：Office for National Statistics. Online. Available HTTP：<http：//www. statistics. gov. uk/cci/nugget. asp? id=8>（accessed 21 August 2011）.

OpenNet Initiative（2009）'Country Profiles：Burma'．Online. Available：HTTP：＜http：// opennet. net/research/profiles/burma＞（accessed 19 April 2009）．

——（2011）'Country Profiles'．Online. Available：＜http：//opennet. net/research＞（accessed 10 July 2011）．

Oreskovic，A.（2011）'Google Inc Launched a Special Service…'，Reuters. Online. Available HTTP：＜http：//www. reuters. com/article/2011/02/01/us-egypt-protest-google-idUSTRE71005F20110201＞（accessed 25 June 2011).

Ottaway，M. and Hamzawy，A.（2011）'Protest Movements and Political Change in the Arab world'，Carnegie Endowment for International Peace，Policy Outlook. Online. Available HTTP：＜http：//carnegieendowment. org/files/OttawayHamzawy _ Outlook _ Jan 11 _ ProtestMovements. pdf＞（accessed 20 June 2011).

Poster，M.（1995）*The Second Media Age*，Cambridge：Polity.

Rheingold，H.（2000）*The Virtual Community*，rev. edn，Cambridge，MA：MIT Press.

Rodan，G.（2004）*Transparency and Authoritarian Rule in Southeast Asia*，London：Curzon Routledge.

Rosenzweig，R.（1998）'Wizards，Bureaucrats，Warriors，and Hackers：Writing the History of the Internet'，*American History Review*，December：1530－52.

Rowbotham，S.（1997）*A Century of Women*，London：Viking.

Ryan，J.（2010）*A History of the Internet and the Digital Future*，London：Reaktion Books.

Sakr，N.（ed.）（2004）*Women and Media in the Middle East*，London：I. B. Tauris.

Schiller，D.（2000）*Digital Capitalism*，Cambridge，MA：MIT Press.

——（2007）*How to Think About Information*，Urbana：University of Illinois Press.

Shirazi，F.（2011）'Information and Communication Technology and Women Empowerment in Iran'，*Telematics and Informatics*（article in press). Online. Available HTTP：<http：//www. mendeley. com/research/information-communication-technology-women-empowerment-iran/>（accessed 20 June 2011）.

Sima，Y. and Pugsley，P.（2010）'The Rise of a "Me Culture" in Postsocialist China'，*The International Communication Gazette*，72（3）：287－306.

Skalli，L.（2006）'Communicating Gender in the Public Sphere：Women and Information Technologies in the MENA Region'，*Journal of Middle East Women's Studies*，2（2）：35－59.

Sparks，C.（2000）'From Dead Trees to Live Wires：the Internet's Challenge to the Traditional Newspaper'，in J. Curran and M. Gurevitch（eds）*Mass Media and Society*，3rd edn. London：Arnold.

Spink，A.，Partridge，H. and Jansen，B.（2006）'Sexual and Pornographic Web Searching：Trends Analysis'，*First Monday*，11（9）. Online. Available HTTP：<http：//firstmonday. org/htbin/cgiwrap/bin/ojs/index. php/fm/article/view/1391/1309>（accessed 23 October 2011）.

Sreberny，A. and Khiabany，G.（2010）*Blogistan*，London：I. B. Tauris.

Streeter，T.（2003）'Does Capitalism Need Irrational Exuberance? Business Culture and the Internet in the 1990s'，in A. Calabrese and C. Sparks（eds）*Toward a Political Economy of Culture*，Boulder，CO：Rowman and Littlefield. 65

Tavaana（2011）'Moudawana：A Peaceful Revolution for Moroccan Women'. Online. Available HTTP：<http：//www. tavaana. org/nu upload/Moudawana _ En _ PDF. pdf>（accessed 21 June 2011）.

Taylor，C.（2011）'Why Not Call It a Facebook Revolution'，*CNN*，24 February. Online. Available HTTP：<http：//articles. cnn. com/2011-02-24/tech/facebook. revolution _ 1 _ facebook-wael-ghonim-social-media? _ s=PM：TECH>（accessed 2 March 2011）.

Turkle，S.（1995）*Life on the Screen*，New York：Simon and Schuster.

Turner，F.（2006）*From Counterculture to Cyberculture*，Chicago：University of Chicago Press，2006.

Weber，S.（2004）*The Success of Open Source*，Cambridge，MA：Harvard University Press.

Wellman，B.，Quan-Haase，A.，Boase，J.，Chen，W.，Hampton，K.，

de Diaz, I. I. and Miyata, K. (2003) 'The Social Affordances of the Internet for Networked Individualism', *Journal of Computer-Mediated Communication*, 8 (3). Online. Available HTTP: <http: // onlinelibrary. wiley. com/doi/10. 1111/j. 1083-6101. 2003. tb00216. x/full> (accessed 23 October 2011).

Wheeler, D. (2004) 'Blessings and Curses: Women and the Internet Revolution in the Arab World', in N. Sakr (ed.) *Women and Media in the Middle East*, London: I. B. Tauris.

—— (2007) 'Empowerment Zones? Women, Internet Cafes, and Life Transformations in Egypt', *Information Technologies and International Development*, 4 (2): 89 - 104.

Wikipedia (2009) 'Wikipedia: About' . Online. Available HTTP: < http: //en. wikipedia. org/wiki. wikpedia: About> (accessed 20 February 2009).

—— (2011) 'History of Wikipedia' . Online. Available HTTP: <http: // en. wikipedia. org/wiki/History _ of _ Wikipedia> (accessed 30 July 2011).

Williams, S. (2002) *Free as in Freedom*, Sebastopol, CA: O'Reilly.

Wright, S. (2008) 'Fixing the Kingdom: Political Evolution and Socio Economic Challenges in Bahrain', *CIRS Occasional Papers*, No. 3, Georgetown University.

Zittrain, J. (2008) *The Future of the Internet and How to Stop It*, London: Allen Lane.

Zook, M. (2007) 'Report on the Location of the Internet Adult Industry', in K. Jacobs, M. Janssen and M. Pasquinelli (eds) *C'lickme: A Netporn Studies Reader*, Amsterdam: Institute of Network Cultures.

第二部分

互联网的政治经济学

第三章 Web 2.0 和“大票房”经济之死

德斯·弗里德曼

第一节 小序：一种新的生产方式？

每一个时代都有它自己的时代精神，目前这个时代也不例外，当前的时代精神建立于互联网的转换力量之上。走进任何一家书店，无论是实体店还是网店，你都会头晕目眩，映入眼帘的书名有：《群众的智慧》（*The Wisdom of Crowds*）、《众包：大众力量缘何推动商业未来》（*Crowdsourcing*：*Why the Power of the Crowd is Driving the Future of Business*）、《维基经济学：大规模协作如何改变一切》（*Wikinomics*：*How Mass Collaboration Changes Everything*）、《我们思考：大众创新而不是大众生产》（*We-Think*：*Mass Innovation Not Mass Production*）、《人人参与：无组织的组织力量》（*Here Comes Everybody*：*the Power of Organizations without Organization*）。这些书名有一个思想基础：社交媒体、网络平台、数字技术与合作网络（collaborative network）从根本上改变了我们的生活方式，我们进行社会交往、自娱自乐、了解世界、从事公务尤其经商的方式都为之一变。这些书是 Web 2.0 世界里的大众经济读物，和十年前的一些书名异曲同工：《距离的消失》（*The Death of Distance*）、《零重力世界》（*The Weightless World*）、《知识经济大趋势》（*Living on Thin Air*）、《数字化生存》（*Being Digital*）。这些书名体现了 20 世纪 90 年代在新千年互联网泡沫破裂之前“新经济”令人陶醉的乐观主义。

本章将分析这些文献，探索以下有关互联网经济的主张：互联网促生了一种媒介经济，这种经济建基于利基市场而不是大众市场、灵活而不是标准化、丰裕而不是稀缺、新兴企业而不是主导 20 世纪的大公司。建构网上逻辑的理论家有：克里斯·安德森（Chris Anderson，2009a，2009b）、拉里·唐斯（Larry Downes，2009）、杰夫·贾维斯（Jeff Jarvis，2009）、查尔斯·里德比特

(Charles Leadbeater，2009)、克莱·舍基（Clay Shirky，2008)、唐·塔普斯科特和安东尼·威廉斯（Don Tapscott and Anthony Williams，2008)。他们坚持一套全然不同的营运原理，认为互联网（建基于比特而不是原子）将要结束垄断统治，激发更多去中心化的和定制的媒介流通的网络。媒体不再是集中化的，而是分散开来的，从中我们将检索到利基市场和无穷无尽的后台目录，它们将满足公众对个性和无穷多选择的欲望。早在 1996 年，麻省理工学院的尼古拉斯·尼葛洛庞帝就预测："全新的内容将在数字化生存中浮现，新的玩家、新的经济模式、大有希望的小作坊式的信息和娱乐供应商也会浮现出来。"（1996：18）十年以后，《连线》杂志的编辑、互联网革命的编年史家克里斯·安德森认为，凸显"丰饶经济学（economics of abundance）正当其时，供求之间的瓶颈开始消失，丰饶经济学正在到来"（2009a：11）。

然而，这些趋势绝不限于媒体或娱乐业，它们被视为大范围冲击经济的力量：降低交易成本，刺激创新，拆除审查者和消费者之间的藩篱，把生产和整合的角色转交给昔日曾被认为只能被动接受的消费者。杰夫·贾维斯（2009）认为，谷歌是新的数字商务时代最优秀的楷模：它改变了社会和产业的基本结构，就像昔日的钢梁和钢轨改变城市和国家的建设和运作一样（2009：27）。塔普斯科特和威廉斯（2008）指出，维基百科最完美地包容了新生产模式提供的可能性和关系，"新生产模式建立在共享、合作和自我组织的基础上，而不是建立于等级结构和控制"（2008：1）。无论以上论述的出发点和政治目的是什么，Web 2.0 的论者都围绕一个观念走到一起：互联网正在迎接一个更加有效的、富有创意的、顺畅的、民主制的和参与型的资本主义形式："一种新的生产方式正在形成之中"（Tapscott and Williams 2008：ix)。

本章将评估新的数字生产方式背后的动力，探寻它建立在什么样的技术和经济原理之上。近年一些更具批判色彩的关于互联网的历史叙述（如 Fuchs，2009；Sylvain，2008；Zittrain，2008）给我们提供了灵感；在这里，我们根据网络分销和消费的趋势来考察丰饶经济学，看看"利基经济"（niche economy）理论是否能解释网络世界里大集团模式的残余。我们承认，正在兴起的网络经济的发展趋势存在矛盾：多样化和大众化的矛盾，专门化和一般化的矛盾。我们试图把网络时代的重大发展整合进旧的资本主义体制的历史记述里去；在这个整合的体制中，革新、创造和日常的经济运行从结构上服从市场上最强大利益的需求。

第二节　“大票房”经济之死及其他主题

如今，维基经济（wikinomics）和众包的鼓吹者是信息社会话语最新的体现者。起初，这种话语试图对后工业社会里信息和知识的显著地位进行理论概括（Bell，1973；Machlup，1962；Porat，1977；Toffler，1980；Touraine，1971）。这些著作的焦点是 20 世纪晚期变化中的经济和职业结构，他们认为象征性商品（symbolic goods）和服务业是经济发动机。信息而不是石油或电力成了后工业时代的核心要素；知识型员工而不是煤矿工人成了最高产的公民；创新而不是生产成了“轴心”原理。20 世纪 90 年代，继之而起的第二代研究者试图普及和更新这些思想，因为世界日益受制于全球化和信息技术这两股力量。令人注目的是一帮商业记者比如凯恩克罗斯（Cairncross，1997）、科伊尔（Coyle，1997）和里德比特（1999），他们集中研究去地域化（de-territorialisation）和去物质化（de-materialisation）；他们认为，这两种过程正在改变西方经济学的基本原理。最热情提倡新经济的政治人物是英国首相托尼·布莱尔；他说，新经济“截然不同，服务、知识、技能和小企业是新经济的基石。新经济的大多数产品不能以重量计，无法触摸，无法计量。新经济最宝贵的资产是知识和创新力”（Blair，1998：8）。 71

许多人对“新经济”提出批评（如 Madrick，2001；Smith，2000），又对 2000 年互联网泡沫破裂后形势的不确定性（Cassidy 2002 年做了评估）持批评态度。尽管如此，上述许多“新经济”的思想还是牢牢扎根于当前的经济思想中；实际上，互联网泡沫破裂以后，大批消费者接受了网络服务，“新经济”思想反而得到强化。由于 Web 2.0 收益和用户的增加，一些有影响的论者提出了一连串的规则、趋势和预测，他们认为互联网使生产民主化、分配均等化，使劳动力得到解放。在互联网的走向和规制上，他们的政治和战略立场会有不同，但在互联网的经济特征问题上，他们的意见是一致的——互联网的经济特征使其成为合作和破坏兼有的革命性工具。本章前半部分将归纳互联网的经济特征，后半部分将批判这些特征，梳理其来龙去脉。

第三节　丰饶经济学

由于微处理器和半导体日益增长的性能和走低的价格，如今的消费者为之付出的钱比过去要少得多。而且，数字技术解决了困扰模拟式技术的带宽性能有限的问题。过去，媒介系统建立于少数广播频道和印刷品，如今，取而代之的是拥有无限储存空间的传播环境。数以亿计的网页、数字压缩技术、低成本的生产和销售门槛（如手机和宽带链接）大大拓宽了人们选择的范围（以数量计），媒介产品是稀缺资源的概念不复存在。正如贾维斯所言，“互联网结束了稀缺，创造了丰富的机会”（2009：59）。拉里·唐斯（2009：122）说：“稀缺被丰饶取代了。”

72 2007年，根据《时代》周刊的排名，《连线》杂志的编辑克里斯·安德森是世界上影响力排名第12位的思想者（Chris Anderson，2009a，2009b）。这反映了丰饶经济学的隐含命题，勾画出了数字世界媒介市场的形态。我们不再死盯着大媒体企业费尽九牛二虎之力推出的赢利丰厚的轰动性产品，相反，我们应该把注意力从产品的“首端”转向媒介市场的“长尾”。数以百万计的小量交易赢利更丰厚，而“大票房”（blockbuster）产品的数量越来越难以预测。排名前10位的产品的威力被排名在1 000名之后的产品取代了。安德森坚信：“如果说20世纪娱乐业关注轰动性产品的话，21世纪关心的是‘利基’”（2009a：16）。富足的储存意味着，网店的库存大大超过实体店的竞争者，能更充分地满足各种口味的消费者。他举例说（2009a：23），数字音乐商铺Rhapsody的库存中，45%的商品是沃尔玛没有的；亚马逊30%的商品是实体书店Barnes & Noble所没有的；在线影片租赁提供商Netflix有25%的商品是实体DVD租赁商铺Blockbuster所没有的。不过，长尾效应既有效又民主：“使利基触手可及，展示了消费者对非商业化内容的潜在需求（2009a：26），使得消费者找到内容更广泛多样的商品，这些商品比传统媒介经济所能提供的多得多。这就改变了文化产业里决策机制的力量平衡，决策权从统治阶层的精英下移到‘我们’，我们成了大众（和‘利基’）口味的新的守门人。”他说：“小蚂蚁有大喇叭。”（2009a：99）

富足的技术以另一种有决定意义的方式对传媒业产生着冲击。数字化和互联网无限的储存功能使交易和流通的成本降到最低限度（Downes，2009：38－40），以至于即使免费馈赠一些产品也还能赚钱。谷歌获利丰厚，同时又让用户免费使用它的搜索引擎；分类信息网站Craigslist让用户免费使用它提供的分类广告；互联网上的游戏、歌曲、新闻、娱乐和软件越来越多，大多数是免费的。这不是盗版文化的问题，正如安德森（2009b：12）所言，这是“一种全新的经济模式”，“免费的”经济模式。

> 互联网成了自由王国，并不是从意识形态角度而言，而是从经济学角度而言。价格降低至边际成本，网上一切内容的边际成本接近零，四舍五入后还是会赚钱。
>
> （Anderson，2009b：92）

这一现象正在对现存的唱片公司、报社和杂志社造成重伤，在和在线竞争对手的恶性竞争中，它们眼睁睁地看着自己的销量和收益走下坡路。

贾维斯说，“免费使人天下无敌”（2009：76）。安德森说，“免费”指的是“定价一栏是空白，收银台的收款一栏也是空白”（2009b：34）。他们赋予“极端的”定价新形式神秘莫测、难以抗拒的魅力。他们并没有声称“免费”忽视或超越了自由市场经济学——毕竟，“免费”建立于赢利丰厚的广告补贴之上；他们的意思是，说到底，市场不得不向诱惑低头。安德森（2009b：241）说，“你能用法律和锁头把免费拒之门外，但最终取胜的是经济重力”。实际上，“免费”常常用更“民主”的方式重新分配价值，比传统的市场交易更民主——使小企业受益。小企业在谷歌上打广告，它们从分类信息网站 Craigslist 上数以万计的广告中受益；“分类广告的价值简单地就从少数人那里迁移到许多人那里”（2009b：129）。由此可见，富足的媒介经济不仅把市场切分成互相铰接的“利基”，而且重新描绘了权力关系的形貌，向“旧媒介”给自己的产品定高价的能力发出挑战。正如安德森（2009b：127）所言：“你不能在富足的市场标出稀缺产品才能有的高价。”

73

第四节　巨石与鹅卵石

诚如安德森所言，利基市场正在取代旧的“大票房”经济。那么，传统上依靠向大众销售轰动性产品的组织将面临什么样的命运？“大媒体”（big media）是 20 世纪工业生产的偶像，在关注富足而市场稀缺时扮演着重要的角色。“大媒体”在生产和营销上投入数以百万计的美元，研发有效的商业模式，把产品送达众多的消费者，因而它们在市场称霸。然而，到了数据富足的时代，“大票房”战略注定死亡。《哈佛商业周刊》（*Harvard Business Review*）的博主乌梅尔·哈克（Umair Haque，2005：106）写道：Web 2.0 环境下的经济结构是“协调”式的而不是指令式的，经济规模是“分散配置”的而不是集中的。因此，“利基”

市场赢利所需的“产品战略”是“开放性、智能、去集中化和连通性”（2005：106）。这些品质是“旧媒介”缺乏的，“旧媒介”的属性是独占的本能和等级结构。我们将要目睹“竞争杀戮战略”有效性的衰微，将要见证“真正的竞争市场”的兴起（Anderson，2009b：175）。

这就意味着，在数字时代获得成功的公司，必然是理解了丰饶意义的公司；“拥有渠道、人员、产品甚至知识产权不再是成功的钥匙。开放才是成功的钥匙。”（Jarvis，2009：4）贾维斯认为，谷歌正是如此，他笔下的谷歌是“第一家后媒体的公司”（2009：4）。他意识到，将其活动聚焦于“链接”而不是“占有”的公司拥有组网的权力，因而会获利。谷歌是最理解互联网逻辑的公司之一。“如果它像旧媒介公司那样思考问题……它就会控制内容，用森严壁垒圈定内容，把我们封闭在围墙里。”（2009：28）相反，它的赢利靠主导搜索的流量，靠开放的网络。在这一点上，谷歌和尽显独占做派的索尼和苹果形成强烈的反差。这两家公司把“封闭的结构”（Tapscott and Williams，2008：134）强加在自己的产品 PSP 多功能掌机和 iPod 播放器上。这反映了大唱片公司在前数字时代的态度。在回应歌迷混录文化（remix culture）的发展时，他们强调自己的版权，并对其进行压制。相反，谷歌的逻辑可能是：唱片公司应该采取的政策是与歌迷团结起来，并将这一政策放在与歌迷的关系的中心，而不是威胁要把歌迷告上法庭。塔普斯科特和威廉斯说：“尊重消费者的价值而不是实施控制，这才是数字经济的答案”。（2008：143）

对许多新一代的“新经济”理论家而言，谷歌的成功、“大票房”经济的衰落证明，媒体的制度结构已经发生了急剧的变化。在 Web 2.0 的压力下，在新兴公司的挑战面前，纵向整合的陈旧的大企业犹如明日黄花；新兴公司轻装前进，受到集中化控制的羁绊较少，对合作的可能性抱开放态度。在查尔斯·里德比特的笔下，这是一幅“新组织的景观”（2009：xxi），主宰前数字时代的“巨石”被“鹅卵石”卷起的巨浪淹没了（2009：xix），个人用户把“巨石”抛弃了。最成功的新媒体公司就是能组织“鹅卵石”的公司。就其组织的内容而言，维基百科主攻信息，Flickr 主攻照片，亚马逊主攻图书，YouTube 主攻视频，Twitter 主攻片言只语，Facebook 主攻社交；而谷歌当然就对整个海滩的景观进行分类。你究竟是“巨石”还是“鹅卵石”，不仅有一个规模的问题（谷歌当然是无数鹅卵石的集合），还有一个组织的问题。“巨石”结构的密度高，内部很集中。“‘鹅卵石’很轻巧，更透明。和‘巨石’相比，‘鹅卵石’内容不多。‘鹅卵石’向外看，原因就在这里。”（2009：xxii）“鹅卵石”更适合用来形容网络经济的动力学。尼葛洛庞帝1996年预言的媒体的“小作坊产业”时代似乎终于到来了。

第五节　分享的文化

数字人的“向外看”视角和新媒体经济的另一个核心特征有关系：互联网个人用户合作的冲动对大公司的竞争本能构成挑战。互联网有无数的节点，这些节点“把人与信息、行为和彼此联系起来”（Jarvis，2009：28），借此，互联网便于人与人之间的平行交流，这一点是以前的大众传播系统难以企及的。在链接的过程中，互联网顽强而根本的特性是社会性，它鼓励用户为了大家的利益，聚合技能和知识。里德比特（2009：7）认为，互联网“分享、去集中化和民主的文化”造就了他所谓的“我们思考”（We-Think）的情景；在他的笔下，这是“我们大家如何一道思考、游戏、工作和创造”的革命（2008：19）。这不是乔治·奥威尔[1]笔下的“群体思维”（Groupthink），而是一个机会，让我们用技术来收获数以百万计的普通人的思想和创新能力。在数字时代之前，创新多半发生在公司和实验室的高墙里；如今，互联网为集体形式的创新留下空间，吸纳来自车库、寝室、书房和起居室的创新能力。塔普斯科特和威廉斯（2008：15）说：“跨越边界、学科和文化的大众合作既省钱又好玩。志气相投的人可以研制一个操作系统（如Linux）、一部百科全书（如维基百科）、新的媒介，可以共建一个基金会……我们自己就在成为一种新的经济。”

75

这种新的“草根”经济拥有一种奇妙的动力。这是大批合作者生成的利基经济；它高度专业化，秉持集体原则，从“群众智慧”中获益（Surowiecki，2004）。从这个角度来看，互联网正在促成一种大众参与的形式，难以撬动的等级结构和官僚程序“巨石”，被制度结构适应力更强的“鹅卵石”智胜了。里德比特（2009：24）说：“一旦组织起来，我们就不再需要组织，至少是不需要具有形式化等级系统的组织。”塔普斯科特和威廉斯（2008：15）说：“具有灵活性的、与其他合作伙伴关系良好的企业，更容易形成生机勃勃的经济生态系统，在

---

① 乔治·奥威尔（George Orwell，1903—1950），英国记者、小说家、评论家，以其反乌托邦小说《一九八四》讽喻极权主义，警醒世人，成为“一代人的冷峻良知”，其他作品有《动物庄园》、《穷人之死》等。

创造价值时会比等级森严的企业更有效率。”比如，从汇聚新闻的掘客网（Digg）衍生出来的网络电视节目“掘客一代”（*Diggnation*）就很火，每周吸引的观众就达25万人，每年的广告收益达400万美元。贾维斯（2009：134）说：“对两个躺在沙发上赚钱的人来说，这样的效益算是不错的。”如果社会的经营以互惠和草根创业精神为原则，如果创造价值的源头是多数人而不是少数人［甚至是与精英相对的每个人（Shirky，2008）］，一些引人注目的隐含命题就会浮出水面，这对传媒产业的结构转化具有意义，民主变革也可能继之而起了。

首先，等级结构的扁平化和点对点传播的扩张已然发生，因为互联网多中心的特性使传统守门人运作的空间缩小了。互联网使买家和卖家、粉丝和乐队、读者和作者直接交流，不再需要中介——地产中介、唱片公司、二手车经销商都不需要了，连刊有分类广告的报纸都不需要。取而代之的是一些网站：Craigslist的分类广告、聚友网（MySpace）的音乐、英国最大房产网Rightmove的现房、美国汽车交易平台Auto Trader的汽车。这是一个“去中介化”的过程，用贾维斯（2009：73）的话说，“中介注定死亡”。学者们早就注意到这个过程了，斯巴克斯（Sparks，2000）就谈到过这一点。然而，由于成群的人被互联网调动起来，他们互相提供越来越多的信息和资源，足以在日常生活中做出明智的选择，由于互联网促成空前直接的交易关系，守门人是低效市场经营者的实质就被揭示出来了（Jarvis，2009：76）。谷歌的广告都是用计算机算法精心计算定制而成的，其效率令人瞠目，传统的广告公司怎么可能与它竞争呢？

76

其次，有人断言，数字技术促成了媒介生产过程的民主化，将创新工具交给众多的用户。摄像机、编辑软件、宽带费、手机话费降价，内容的生成越来越多地掌握在“群众”手中。皮尤研究中心的研究显示，美国的青少年中，有38%的人经常分享网络内容，21%的人对网络内容进行再加工，14%的人写博客（Purcell，2010：4）。里德比特（2009：211）说：“旧式的媒介主要是让我们观看和阅读，互联网大大拓宽了用户的参与范围，他们可以参加辩论、贡献自己的思想。”业余爱好者为“多力多滋”薯片制作的电视广告足以说明，“众包生产”能产生民主化的效果。广告公司的制作费很贵；互联网用户制作广告很便宜（这种在英国电视上播放的广告制作费大约是6.5英镑，而在美国橄榄球超级碗比赛时播放的大制作广告则要花费2 000美元的制作费）。这被认为是一种更加合作的创新路径，这样的创新路径“正在复活一种古老的民间文化，它有别于20世纪唱片业和电影业的大众生产的产业文化”（Leadbeater，2009：56）。

生产者和消费者的区分模糊起来，这一理念正在实现托夫勒（Toffler，1980）有关生产型消费者（prosumer）的预测；亦在实现费斯克（Fiske，1987）有关“符号学意义上的民主”（semiotic democracy）的预言，费斯克认为媒介素养高的“积极受众”能实现“符号学意义上的民主”。但在塔普斯科特和威廉斯看来，“生产消费集于一身”现象的兴起等于是一场经济革命：“你能以平等的身份参与经济，与同侪或你喜欢的公司共同创造价值，以满足个人和社会的需要，去改变世界，或者仅仅是为了好玩!”（Tapscott and Williams，2008：150）。实际上，“生产消费集于一身”的现象极具革命性，所以，安德森认为，今天用户生成内容的创造性和马克思在《德意志意识形态》（*German Ideology*）里提出的非异化劳动的愿景可有一比；马克思想象，在共产主义社会里，摆脱了奴隶劳动的人们能够“上午打猎，下午捕鱼，傍晚从事畜牧，晚饭后从事批判”（转引自Anderson，2009a：62）。

富有创意、令人愉快的生产，这一理念和另一个主要的变化有关系：就当代社会关系的变化而言，在数字经济里，劳动的性质变了。许多“新经济”理论家认为，互联网的合作原则正进入大多数有远见卓识的工作场所。过去，劳动使人异化，劳动者常常被排除在决策之外，如今，“维基工作站”（Wiki Workplace）将权力下放给个人（Tapscott and Williams，2008：239－67），用数字技术来分享知识、交流思想、共同创造，如此，受雇者有机会参与管理，完成工作，并且劳动效率更高。塔普斯科特和威廉斯的书《维基经济学》（*Wikinomics*）列举了很多公司成功的例子：它们聆听消费者和员工的意见，请他们参与决策，给予他们一定程度的自主权，这可能会激发他们的创新思维。他们说（2008：240），我们正在“从封闭的、等级森严的、劳资关系僵化的工作场所转移出来，进入日益自发的、分散的、合作的人力资本网络，这种网络能吸引企业内外的知识和资源”。

77

文献显示，谷歌是“维基工作站”最富有活力和前瞻性思想的例子。员工享受免费伙食（许多公司里的大厨扮演着重要的角色［Vise，2008：192－203］），乘坐覆盖了WiFi信号的免费巴士去上班，也许最著名的是，他们每周享受一天休假去研究自己感兴趣的项目，而这些研究结果最终可能会对谷歌有所帮助。这也被称为“20％自由时间政策”（20％ rule），“谷歌新闻”（Google News）和“谷歌产品搜索”（Google Product Search）正是这样诞生的（Vise，2008：130－40）。谷歌“不要作恶”（Don't be Evil）的信条适用于其工作室和产品，也许并不是因为谷歌创建者有什么善的天性，而是因为“作恶的成本超过了赢利……因为人们能公开和你交谈，会议论你，而且就在你身边议论你，欺骗再也不是有效的商务战略”（Jarvis，2009：102）。劳动从过去不透明和孤立的状态中解放出来，成了令人愉快的活动，这样的劳动让劳动者和公司双方都能受益。

第六节　破坏资本主义

据迄今的文献描绘，实现互联网益处的最佳社会组织方式就是自由市场。但也有例外。里德比特批评说市场基要主义者、自由主义的拉拉队队长克里斯·安德森等人，认为自己和克莱·舍基、尤查·本科勒等人是“共产主义的机会主义者”（2009：xxviii），并自称是受到社会生产和同侪网络的非商业化可能性的启发。里德比特批评说，私有财产不应该被视为一切生产活动的基础；他说，“互联网的发展邀请我们换一个角度看未来”（2009：6），专利的和非专利的力量共存。里德比特憧憬公共产品和私人物品互相补充，他主张一种混合经济，在这种经济下合作精神和网络结构将改造市场交易。他不是在呼吁用“开源代码和‘我们思考’的理想主义的公社资本主义（idealistic commune capitalism）来取代”市场关系（2009：121），而是在呼吁用“共有资源”的原理来给私营资本主义注入新的活力，并使之得到改善。

然而总体上，人们普遍有这样一个设想：Web 2.0 为私营企业的生存和发展提供了最令人难以置信的机会。文献里俯拾即是的议论是，数字技术提供了效率、成本效益和战略决策的可能性。互联网给公司带来的挑战是，要么适应新环境，要么输给对手。这是“破坏性”（disruptive）技术的典型例子，它动摇现状，为辉煌的未来铺路。法学家拉里·唐斯正是从这个路径去看问题。他说，和 19 世纪的铁路一样，互联网是“破坏性”技术，即熊彼特所谓的“创造性破坏”（creative destruction）的力量，“最终需要的是戏剧性转化”（2009：3）。唐斯不在互联网上寻找“杀手应用程序”（killer app），而是说，互联网本身就是“杀手应用程序”：互联网是“一种技术革新，它破坏了一直以来的市场规则，甚至是整个社会”。尽管近年来金融市场遭到重创，唐斯还是坚持认为，“在为破坏性技术制定规则后，市场运行起来总体效果胜过传统的政府治理形式”（2009：4）。如果不管破坏性技术的固有性能，任其运行——在这个例子里，就是任由互联网桀骜不驯的性能去运行，模拟式业务的低效就会暴露出来，就会强压生产和交易成本，就会迫使公司日益重视把“谷歌逻辑”整合进自己的业务计划中。

78

实际上，这被人视为社会系统美好的一面：有时，一些人率先辨认出新技术的好处，他们不怕打烂企业的坛坛罐罐，奋勇向前，闪亮登场，令我们用另一种方式看世界。唐斯称他们为“反叛者”（2009：220），贾维斯称之为“破坏性资本家”（2009：4）。例子有：谷歌的谢尔盖·布林（Sergey Brin）和拉里·佩奇（Larry Page），Craigslist 分类信息网站的克雷格·纽马克（Craig Newmark），亚马逊的杰夫·贝佐斯（Jeff Bezos），他们体现了 19 世纪资本主义的开拓精神。这些无所畏惧的先驱做出的“决策在旧产业的旧规则下毫无意义；由于这些思想创新者的新决策，老规矩已化为齑粉”（Jarvis，2009：4）。他们是外来者，传统企业攻击他们，政府怀疑他们。当然，这正是先行者求之不得的形象。举例来说，欧洲和美国政府以及根基较深的对手质疑谷歌时，谷歌总是反复引用同一段话宣示自己的主张。谷歌的董事会主席埃里克·施密特（Eric Schmidt）说：“每一个政府都有一批人忙于弄清楚我们究竟在干什么。我们破坏性十足，在破坏的过程中，我们没少树敌。”（转引自 Oreskovic，2010）这段话塑造了一个相当浪漫的资本主义形象：反叛者承担一切风险，技术灌输社会变革；尽管会产生动荡、不确定性和反抗，技术为生产力更强大的未来奠定了基础。这个浪漫形象的最新体现是 Web 2.0 的合作精神，它正在开启一个新时代；按照塔普斯科特和威廉斯的话（2008：15）来说，这个时代“堪比意大利文艺复兴或雅典民主的兴起……一种新经济民主正在浮出水面，我们都能在其中唱主角”。这就是数字媒体经济的希望。

第七节　资本主义反咬一口

有关新企业的文献里既有大量的经验性数据，又有对互联网充满激情的参与和投入，还有对传统管理经济学合理怀疑的态度。尽管如此，很大一部分文献依据的是未经证明的言论、深刻的误解并存在令人困惑的缺失。所以，这些文献不能有力地说明 Web 2.0 环境的动力学。总体而言，光是从题目上看，这些文献充满了对市场创业精神，尤其是对西方企业的首席执行官、投资者和政治家们的讴歌。

79

评估这些新数字经济的言论，还有一种全然不同的路径：建立在马克思主义批评之上的路径。马克思主义既承认资本主义革命性的成就，又分析资本主义为何不能让公民充分享受其成就。实际上，在《共产党宣言》里，马克思和恩格斯热情洋溢地赞美了资本主义，几乎不逊于贾维斯或安德森160年后对谷歌的赞美（赞词结尾的措词也出乎意料地大致相同）。马克思和恩格斯最著名的赞词是：资本主义在人类历史上“第一个证明了，人的活动能够取得什么样的成就。它创造了完全不同于埃及金字塔、罗马水道和哥特式教堂的奇迹”（Marx and Engels，1975 [1848]：36）。资本主义的成就并不是个别科学家和技师的“天才”创造的，也不是筚路褴褛的企业家的勇猛开拓创造的，而是因为这个制度的基础是创新和前进。

> 资产阶级除非对生产工具，从而对生产关系，从而对全部社会关系不断地进行革命，否则就不能生存下去。反之，原封不动地保持旧的生产方式，却是过去的一切工业阶级生存的首要条件。生产的不断变革，一切社会状况不停的动荡，永远的不安定和变动，这就是资产阶级时代不同于过去一切时代的地方。
>
> （Marx and Engels，1975：36）

然而，在被资本主义的革新深深吸引的同时，马克思又因资本主义再生产的手段而感到震惊。首先他指出，在以前的社会里，一切剩余产品都由统治精英来消费；相反，资本家需要将剩余的东西用于再投资，以便在市场上进行更有效的竞争。马克思理解的资本是价值的积累，是使资本自身增值，资本存在于且只能存在于尽可能多的资本中（Marx，1973：414）。体现在现代自由市场里的竞争是资本主义制度的DNA，因此，它需要创新以加速生产力的发展、减少劳动成本、寻找新市场、增加赢利率。于是，资本家就和资本的进一步竞争性积累联姻，以便最有效地达到这样的目的：“积累，积累！这就是摩西和先知”（Marx，1918：606）。这就意味着：资本家要竭尽所能从生产过程中榨取更多的价值；劳动曾经是人的主体性的基本属性，如今它成了劳工越来越难以掌握的东西；过去，物品因其直接属性而受人喜爱，如今，它们受珍视主要是因为它们能在市场上交易；最后，由于经济缺乏协调，发生生产过剩危机的趋势随之而起，弱小的资本将退出市场。马克思认为，这些后果是大多数人为资本主义制度下奇妙的技术进步所付出的可怕代价。这些技术进步有：铁路、电力、预防接种、广播，当然还包括互联网。

80

本章的核心议题是：在多大程度上，信息产品及其处理过程受制于上述趋势。换言之，正如上述文献所示，互联网合作和透明的优点能否使它免于上述的资本主义危险，是否能使数字经济免于危机四伏的资本主义的流行病。对这个问题的一种回应是像拉里·唐斯（2009：3）那样强调，“信息的特性”使之有别于其他商品形式。这不仅是市场经济学家的主张，也是克里斯蒂安·福克斯（Christian Fuchs）等马克思主义学者的主张；他们承认，信息有难以触摸、容易复制、传播速度快、寻求联系等特性，这就导致一个重大的矛盾。“信息网既加剧又瓦解资本的积累。信息网加剧了集体生产和个人占有商品的资本主义矛盾。”（2009：77）信息的社会性必然和市场的私有化组织迎头相撞。

尼古拉斯·贾纳姆（Nicholas Garnham）的《资本主义和传播》（*Capitalism and Communication*）很有价值，给我们指出了一条安然度过这一矛盾的航道。他反思了文化商品的特征：非竞争性、生产成本大、流通成本低、寻求新奇，他认为“已经很难维持商品的稀缺性并以此定价”（1990：160）。他不理会文化产品免于市场规律制约的观点，认定了应用于媒介商品的具体策略，以便将其纳入市场规律的范畴。由于流通成本和生产成本相比微乎其微，所以第一个策略是，拥有尽可能多的受众，以实现利润的最大化（1990：160）。第二个策略是，用人为的结构需求去再造商品的稀缺，以便重新定价，为此目的而采用以下手段：建立流通的垄断渠道，亏本出售昂贵硬件以提供免费的内容，把受众当做商品卖给广告商（1990：161）。最后一个策略是，为了应对大众口味的不确定性，不再生产单一的产品，而是生产“一揽子文化产品，让风险分散在众多的产品上”（1990：161）。

看上去，在以上路径中，有一些与新数字媒体经济完全是不可调和的。安德森的“长尾效应”命题直接否定了追求收视率的做法，专注于提高点击率和开发一揽子产品；在丰饶经济条件下，想要维持产品的稀缺和流通渠道的垄断，似乎会徒劳一场。因此，在本章的后半部分里，我们将思考，在 Web 2.0 世界里，上述策略在多大程度上对信息网络有重大意义，我们将考虑奥利维尔·西尔万（Olivier Sylvain）的主张。他认为，“‘网络信息经济’（networked information economy）的惯例并不能真正地免于专注、集中化和监管的非民主问题。相反，以上问题也是新媒体固有的问题。”（Sylvain，2008：8）。 81

第八节　新数字经济里的商品化

互联网很吸引人的特点之一是，在很大程度上，热情参与者贡献自己的时间和精力，不求回报，只求个人的满足和相互的受益。比如，维基百科、linux、掘客网以及一些评论网和博客都扮演着重要角色，形成了一种兴旺发达的礼品经济。互联网的很多领域里都没有收费墙、票房、订购费、租赁费，商品流通的价格机制无一在场。用户访问谷歌、Facebook、聚友网时，都不会直接遭遇卖点广告（point of purchase）。实际上，在安德森的笔下，数字世界免费提供图书、音乐、软件、新闻、电子游戏甚至自行车，这种现象证明，有一种经济叫“非货币性生产经济”（nonmonetary production economy）（2009b：189）。

安德森的论断立即产生了两个问题。正如其书名《免费：商业的未来》（*Free：The Future of a Radical Price*）所示，“免费”是“沉重的代价”。首先，他所谓“免费”的意思并不总是确定的。诚然，互联网上无数的内容是免费的，但前提是购买或租赁电脑或移动设备，还要能联网（这些都不免费）。再以新闻为例，费用在网络的另一个环节支付了：广告费、印刷费，如果是BBC的话，那就是牌照费。换句话说，网上内容必须得到补贴，或者靠个人献出时间，或者靠公司提供跨平台的免费服务。这很像伦敦博物馆的“免费”入场，它们靠纳税人补贴，维多利亚和阿尔伯特博物馆每个参观者得到的补贴多达18.06英镑，自然历史博物馆访客的人均补贴为13.87英镑（*Guardian*，2010：17）。实际上，正如“免费”是一个相当不明确的概念一样，安德森关于数字经济的边际成本等于零的说法（第5页）低估了营运和生产的成本，而这些成本是为某些“免费”商品和服务所必需付出的代价。

其次，即使提供的内容在直接接触点上是“免费”的，市场体制必然的趋势是：凡是可能的地方，都要寻找非零（non-zero）的代价。比如，《纽约时报》和伦敦《泰晤士报》对报纸网站内容收费的决策很有风险，决策背后潜隐的逻辑就是寻求非零的代价。对一般受众而言，“收费墙”可能行得通，也可能行不通（专门的商务用户有所不同，他们愿意付费，以获取优质的内容）。但鲁珀特·默多克之类的媒介大亨觉得，即使后果不确定，他们也不得不收费，说明他们需要增加收益。对版权所有者而言（但内容聚合商不担心付费），当前的这种“免费”对于可持续发展的企业来说是很难维持的。《华尔街日报》欧洲版的总编辑佩兴斯·惠特克罗（Patience Wheatcroft）说，“我喜欢市场竞争。如果你免费赠送，那就难以赢得市场。为我们提供的东西收费，这是我们要坚持的决策”（转引自Armstrong，2009：5）。“免费”短期内能使消费者获益，但在资本主义市场的语境下，它难以产出必需的收益；记者、作家、导演和演员要产出原创性的、高质

82

量的内容，他们的付出必须得到报偿。

然而，某物是否“免费”，这和正确理解商品化的意义风马牛不相及。物品转化为商品的条件并不是定价（即使价格是零），而是要融入一个市场交换体系。正如马克思所言，使用物品成为商品，“只是由于交换使劳动产品之间、从而使生产者之间发生了关系”（Marx，1918：44）。

可见，我们在谷歌上搜索、在 LinkedIn 上宣传自己、在 YouTube 上看视频时，虽然没有付费，但其他人已经为我们买了单。他们买的是我们的个人资料、消费习惯和搜索历史，正如贾纳姆所言，文化产业里的主要商品是它售出的受众，它们反反复复把受众推销给广告商。塔普斯科特和威廉斯曾说（2008：44），人的关系是“唯一你不能商品化的东西”，但事实绝不是这样的，Facebook 就把人的关系商品化了，因而“友谊”成了流通的货币，成为驱动互联网的力量。同理，LinkedIn 的功能也是把专业人士的个人资料变成商品以吸引广告商。在 LinkedIn 上，人的关系不仅重要，而且被量化和货币化了，它成了一个专业人士履历的市场。

实际上，网上的大量劳动是积极的“生产型消费者”付出的（Tapscott and Williams，2008：124 - 50），这造就了极其高效的搜集、过滤和分析数据以便向广告商推销的方式。谷歌和 Facebook 拥有“即时个人化”（instant personalization）的功能，它是个人信息海量的储存器，用户“免费”向它们提供自己的信息。不顾人们对安全和隐私的担心，它们坚持对个人信息的商业价值进行开发；因此，文森特·莫斯可说，数字技术非但没有挑战商品化的逻辑，反而“被用来精炼推销受众的过程，它们把收视者、收听者、读者、电影迷、电话用户、计算机使用者推销给广告商”（Mosco，2009：137）。因此，用户生成的内容有两面性：既是参与度更高的创新形式，又是生成免费内容的成本效益高的手段，有助于广告商和营运商更准确地辨认和瞄准目标受众。

83

对贾维斯等人而言，这绝不是什么不受欢迎的过程。他写道：“谷歌把商品化变成了商业战略”（Jarvis，2009：67）；他指的是主流经济学家所理解的一般商品，比如食糖、钢铁或石油。谷歌根据算法而不是知名度对广告商和消费者进行匹配，一切东西都被商品化了，连构成当代受众的大量的“利基”都商品化了。谷歌的广告看上去全都一个样，无论公司支付的广告费是多少；用户用“点击”而不是用商品的背景来计量：“人与人之间几乎没有区别，年龄、收入、性别、学历、兴趣未加区分，一切东西都被广告商花钱购买了。每个人或其他任何人都是一个样。我们都是用户而已。我们就像被出售的猪腩肉”（2009：68）。贾维斯的话是说，传统的品牌可能难以被这样商品化，但这样的商品化有效率，这是一个使市场秩序化的过程。但许多人不想自己的朋友圈在 Facebook 上被私有化，也不想自己的数据在谷歌上被人追踪和出售。在他们看来，这种商品化形式把他们的劳动和创新活动打包变成交换物，标上价格放到开放的市场上去出售。

然而，维基百科、Linux 操作系统以及绝大多数的网络日志和对等网络（peer-to-peer networks）的非商业性也是毫无疑问的。这说明，互联网有两个特色迥异的领域：一个商品化领域，一个非商品化领域；一个像资本主义市场那样运作，另一个像“公共领地”那样运作（Benkler，2006；Leadbeater，2009；Lessig，2002）。齐特林（Zittrain）担心，互联网早期的“生成力”、开放性和不可预测性正受到限制，正在被“应用化”（2008：8）；本科勒担心，“信息公共领地”正受到网络信息集中化的威胁（2006：240）。这都是互联网分化为两个领域的证据。这些证据依托的思想是：我们需要保护和培育互联网非商品化的领域，以便抵挡商品化领域破坏性的反民主的特征。根据这一逻辑，开源代码的环境是专利化生产的对立面，对私有化积累的原理构成明显的挑战。

事实上，把互联网的商品化领域和非商品化领域区别开来是越来越难了，因为两者绝不是隔绝的，它们常常处在紧张关系中。有些人可能把对等网络和开放源码视为市场结构的另一种进步选择，而另一些人包括产权持有人则将其视为对利润和投资的致命威胁。然而，正如我们论证的那样，资本主义是动态的、具扩张性的体系，试图利用一切增加收益率和效率的技术革新。实际上，塔普斯科特和威廉斯（2008）阐述的“维基经济学”的整个前提就是利用开放源码的原理来激活与更新市场机制。他们说，“没有公共领地就没有私营企业。”（2008：91）*84* 和安德森（2009b）、唐斯（2009）、贾维斯（2009）的书一样，在塔普斯科特和威廉斯的《维基经济学》里，大公司整合两个领域的例子俯拾即是：IBM、太阳微系统公司和诺基亚都试图将开放源码的效能整合进公司的日常运行里。维基经济学并不认为开放源码是对资本积累的竞争性威胁，相反它主张，“最大的危险不是同侪生产的共同体将要瓦解现存的企业模式，而是企业不能及时回应威胁”（Tapscott and Williams，2008：96）。换句话说，维基经济学鼓励企业学会应用开放源码的合作原理，以提高生产率，实现更快的增长率。

在这样的情况下，技术发展表面是在挑战资本主义坚守的专利原则（proprietary principles），但实际上资本主义能利用技术发展，并使之对己有利，这就是对那些将“我们思考”（Leadbeater，2009）完全视为非商业化的人的一种驳斥。相反我们应该看到，互联网的商品化和非商品化这两个领域本质上是一种辩证关系。正如克里斯蒂安·福克斯所言（2009：80），这两部分“不仅是分离的、不同的，而且是纠结、网络状的”。重要的是，在市场经济的语境下，“这意味着，免费馈赠的形式置于商品形式之下，甚至可以直接用来赢利”（2009：80）。这不是偶然现象，而是和资本主义的结构性需求有关系，它需要在市场交换体制内使经营货币化、公司化。即使非商品化冲动之下产生的博客、议论和批评也可以被货币化和公司化。维基百科、Linux操作系统和火狐浏览器是互联网合作潜力的重要例证，它们不太能证明互联网的解放力，但能比较有力地证明“信息商品和信息馈赠之间的深刻对立”，证明这样的对立是数字经济的核心问题。再者，这个商品化的特殊形式不限于核心传媒产业或信息产业；相反，它“把传媒产业彻底整合进资本主义的总体经济中……它生成大规模的受众，又按人口特征将受众以广告商想要的形式进行分类”（Mosco，2009：137）。据此看来，商品化不容易规避，也不容易像韦伯式的“轻便斗篷”那样脱下来，商品化是资本主义组织和再生产的基本过程，现实生活的语境如此，互联网的语境也是如此。

第九节　积累战略

我们可能会期待，“新经济”和“数字生产方式”自有其特点，和20世纪工业企业采用的竞争战略是不一样的。那种模式不赞成合作，将一切知识和技能都集中在企业内部，其运行方式是官僚体制，等级森严，集中决策，坚决捍卫自己的知识产权。相反，新经济学家认为，最兴旺的Web 2.0公司成功的原因之一在于，它们决心规避“指令和控制”的心态，决心在企业文化里灌输合作的态度。*85*
贾维斯说（2009：69）：

> 在谷歌经济中，众多的公司不再靠大量融资去大规模并购，从而造成庞大臃肿、尾大不掉的危险局面……它们需要学习谷歌，建设帮助其他公司发财的平台，借以实现自己的发展。实际上，发展主要不是来自公司内部拥有的大量资产，因为那也会积累大量的风险，而是让网络内的其他公司建构自己的价值。

表面上看，数字时代更容易成功的公司似乎要规避专利控制，不采用福特主义的积累措施；它们专注于必要的创新，以便让最大多数的人能获取其服务和产品。

然而，只需对谷歌的历史约略一瞥，答案就指向了另一种截然不同的叙述。首先，1999年起步时，谷歌的投入是2 500万美元；投资人是加利福尼亚的两家风险投资集团。投资人要求谷歌的创建人谢尔盖·布林和拉里·佩奇雇用一位经验丰富的CEO，“以协助他们将搜索引擎转化为赢利的企业”（Vise，2008：67）。尽管布林和佩奇开发的技术使他们能对数以百万计的网页进行分类，但赢利却姗姗来迟；等到他们采用了竞争对手GoTo的广告模式以后，他们的收益才开始起飞。他们把GoTo的广告模式整合进自己的广告词（AdWords）系统，赢利丰厚（Battelle，2005：125）。2004年，为了扫清路障、把谷歌顺利改造成上市公司，谷歌向GoTo（现已更名为Overture）的新东家雅虎转让270万股份，价值以亿元计，以便和雅虎在庭外解决专利纠纷的问题。再者，虽然首次公开募股的认购大大超额，呈现出股东民主的模式，但两位创始人还是坚持“双层股票结构”，以便巩固和保护他们对公司的控制权。根据谷歌的首次公开募股文件，谷歌的三人执政团队（布林、佩奇和施密特）控制37.6%的股份；用拉里·佩奇的话说，这让新投资人“难以通过投票权来影响公司的战略决策”（Google，2004）。具有讽刺意味的是，佩奇承认，这样的决策机制对新型的技术公司来说是异常之举，但他同时指出，《纽约时报》、《华盛顿邮报》和“道琼斯”这些最传统的“旧媒体”公司和谷歌的结构类似：强调少数执行官维持总体上的战略控制权，以确保决策机制对公司有利（Google，2004）。

长期以来，谷歌的战略是双管齐下。一方面，它在新型的创新市场上总是先着一鞭、占尽优势，同时又兼顾老一套的挖墙脚战略，尤其给苹果和微软两家公司拆台（Vise，2008：282－91）。另一方面，它收购那些能既能改进服务又能占有市场份额的企业。在短短的十余年时间里，截至笔者撰写本章时，谷歌已经收购了一百多家公司，包括博客网Blogger、图片管理软件Picasa、数字地图测绘公司Keyhole、广告公司Doubleclick，其中最著名的是YouTube，收购它一共花了近200亿美元。这个双重战略不错，用贾维斯的话说，谷歌不必依靠“大批量的收购”。谷歌也非常倚重国家的传统法律保护，它绝对不会爽快地与他人分享知识产权；它知道，知识产权是公司生成收益的核心能力。谷歌2010年向美国证券交易委员会提交的报告中有这样一段文字：

86

我们依靠美国的专利法、商标法、版权法、商业秘密保护法以及其他的行政法规，同时还依靠机密保护法和合同法，以保护我们的专利技术和品牌。我们还与员工和顾问签订保密和发明转让协议……我们严格保护专利技术。

(Google，2010：16)

事实上，谷歌要求员工签署保密协议，这和贾维斯的断言冲突，贾维斯曾说，“谷歌回馈员工——而且我们期待，它越来越开放”(2009：236)。更重要的是，它用严酷的事实提醒我们，这家著名的公司给员工提供免费午餐、津贴和良好的工作条件，可是它对劳动者的自主权实行严格的限制。这再次证明，我们不能用谷歌是一个例外的说辞来解释，事实恰恰相反：它正代表了新兴市场中的大型企业运营模式。比如谷歌著名的“20%自由时间政策”，用塔普斯科特和威廉斯的话说，这证明谷歌公司相信“合作与令人鼓舞的自组织”(2008：260)。这条规定产出了丰厚的利润：谷歌新闻、谷歌的产品搜索引擎 Froogle、谷歌社交服务网站谷奥(Orkut)都发轫于这个开明的公司政策。然而，这能被视为“自由时间”吗？这是不是对研究和开发的有效刺激，其产品完全被谷歌而不是员工拥有呢？同理，公司提供高质量午餐是“目的明确的津贴。这使员工彼此接近，不离开自己的工作台；防止他们养成不良的饮食习惯从而降低生产率；让他们不用花时间外出就餐……并营造和睦的气氛”(Vise，2008：194)。连公司提供的覆盖 WiFi 信号的通勤巴士也是有效延长员工工作时间的方式，因为每一位员工都有笔记本电脑。

只需想一想，这家公司市值大约 1 600 亿美元、年收入超过 200 亿美元，我们就明白，这些战略都旨在使对员工的剥削最大化，使资本的积累最大化；如此一想，对其中的任何一种战略，我们都不会感到吃惊了。谷歌只不过是在跟随过去引领市场的企业所走的路子而已。它也在搞精明的收购，提高自己的产品的效能；它以创新的思维方式去充分榨取高技能员工的价值，不断革新，比对手先走一步(不能并购对手时的举措)。谷歌的办公室可以开放，但它不会开放源码。实际上，它不实行平行结构，而是实施自上而下的营运权力和战略控制。“开放”和“连接”并不是它的组织原则，而是它产品销售的原则。谷歌的董事会主席埃里克·施密特泄露了天机，2005 年，他在对华尔街分析师的演讲中说：

87

我们并不像我们常说的那样不按常规出牌。我们的特别之处是在产品的开发中实施的；企业的其他经营完全靠常态的方式，是用传统的方式开发最先进的产品。我们非常在乎我们的目标。每一个季度，我们都要问："我们干得怎么样？"

（转引自 Vise，2008：256）

由此可见，数字经济依靠的是对有偿创造性劳动的剥削；在不稳定的商务模式和极度不稳定的经济的语境下，可以预料，这样的剥削会进一步加剧。比如，2010 年，著名的消费杂志出版商鲍尔（Bauer）发行的三种音乐杂志《Kerrang》、《Q》和《Mojo》就强制自由撰稿人签订"一切版权"归杂志社的合同，以确保它在一切平台上的版权，还让自由撰稿人"对法律诉讼中的一切损失和成本负责"（Armstrong，2010）。然而，"新经济"也从日益增多的无偿劳动中受益，这里的无偿劳动又名"用户生成的内容"，数字媒体技术成本的降低推进了"用户生成的内容"。我们业已指出，"用户生成的内容"有矛盾性：既表现了互联网生产内容的可能性，又太容易被媒介公司和信息公司"免费"使用；而在过去，企业是要为这些内容支付使用费的。所以，各大报纸刊登 Twitter 上人们对大选的评论，电视新闻栏目播放爆炸案和火车相撞的"目击者视频"，许多公司积极搜集"用户生成内容"，想借此降低成本，使自己与"用户生成内容"的"符号学民主"拉近关系。"新经济"文献里充斥着"参与式消费主义"（participatory consumerism）的例子（Leadbeater，2009：105）。加拿大唱片公司算一例，在它组织的混录版音乐比赛中，数以百计的音乐节目主持人报名参赛时心甘情愿地奉送自己的作品（Tapscott and Williams，2008：280），为唱片公司节省了数以万计的加元；为雪佛莱制作的互动式网络广告是另一例（Anderson，2009a：226）；还有一例著名的多力多滋薯片电视广告，是用户自己在家里制作的，为橄榄球超级碗比赛做昂贵的插入广告省了很多钱（Leadbeater，2009：105）。

88 塔普斯科特和威廉斯指出，互联网的非集中化和互动特征使这样的共同创造成为可能，从而产生了更积极参与的公民，产生了生产消费集于一身革命（参见本书第 76 页）。"生产消费集于一身"非但没有显示媒介生产和分配的民主化，反而常常被纳入了现有精英控制的商品交换体系；精英们呼唤"用户生成内容"，或者从现存的网站挑选材料。在这两种情况下，普通人富有想象力的劳动被用来赢利，使 Facebook、YouTube 和聚友网之类的公司受益，它们希望把用户生产的个人化的内容出售给广告商和营销商。正如福克斯所言，用户在网上"生产、消费和交换内容，与他人交流的时间越多，他们创造的商业价值就越高，网站的

广告费就越高，互联网公司的利润就越大”（2009：82）。这是商品化和积累的又一个例子，是市场经济的核心，无论这种经济是基于福特主义还是基于数字网络。

第十节　数字媒体经济的集中化

在新千年之前头脑发热的日子里，互联网迅速扩张，新的暴发户挑战正统的IT企业和媒体，争夺互联网上的霸权。彼时，牛津大学的经济学家安德鲁·格雷厄姆（Andrew Graham）（1998）就发表了不时髦的言论。他说，虽然互联网能以接近零的边际成本运行，但它仍然需要重要的资源来生产和营销高品质的内容。因此他预言，由于网络化生存的经济效益，经济发展的规模（借以抵消成本）和范围（由于趋同和交叉促销）将要深化；新的稀缺（不是范围的稀缺，而是才能的稀缺）将要出现；进一步的集中化（与“自由竞争的世界”相反）是一个趋势（1998：33）。十多年后，格雷厄姆有关“互联网效应”后果的预言有多少被证明是正确的呢？或者说，我们看到的环境是被许多信息时代的“鹅卵石”而不是被大公司“巨石”的集中化主宰的吗（参见本书第 73 页）？

统计数字似乎支持格雷厄姆的分析，并在挑战一个观念：在搜索、广告和娱乐等数字经济的关键领域里，发展的瓶颈正在消失。根据在线点击排名网站 Hitwise 披露的数据，谷歌在搜索引擎的市场占有率在新西兰有 92%，在英国有 90.5%，在澳大利亚有 88%，在新加坡有 80%。在线广告企业也出现了明显的集中化模式；在 2007 年，前四位的公司（谷歌、微软、雅虎和美国在线）吸纳了美国广告总收益的 85%。令人尊敬的咨询公司“市场空间”（Marketspace）的董事长杰弗里·雷波特（Jeffrey Rayport）认为，我们正在目睹在线广告寡头垄断的兴起：“尽管互联网有民主化的希望，但就在线广告收入而言，从上个月 1.2 亿个活跃的网站来看，没有任何迹象是有利于小公司甚至是大多数大公司的”（Rayport，2007）。 89

数字网络非但没有导致垄断行为的消解，相反，我们看见的是高度集中化的市场门类，在美国尤其如此。在这里，苹果的 iTunes 播放器占有 70%的音乐下载市场，谷歌占有 70%的搜索市场，YouTube 占有 73%的在线视频市场，Facebook 占有 62%的社交网络市场。有人声称，互联网促成了一个更具竞争性的环境，然而令人震惊的是，在 2009 年，亚马逊控制了美国电子商务市场的 18.2%，远远高于沃尔玛所占有的11%的美国批发和零售市场份额（*Internet Retailer*，2010）。加起来，谷歌、Facebook和雅虎的网站流量占香港互联网流量的31.5%，美国互联网流量的28%，澳大利亚互联网流量的23%，新加坡互联网流量的22.5%，英国互联网流量的21.4%，新西兰互联网流量的20%（www.hitwise.com）。当然，在未来若干年里，这些数据也可能浮动，然而它们和同一时期的“旧媒体”市场的情况还有一定的可比性。过去人们认为，旧市场被认为是缺少竞争的例子，终将被互联网市场取而代之。谷歌常受到严密的监察，也许就不奇怪了，美国司法部和联邦贸易委员会常对谷歌近年的并购和革新发起反托拉斯调查（如Helft，2010）。

网络新闻市场同样显示出类似的集中化水平，还显示了在线市场和离线市场的密切关系。据卓越新闻研究（Project for Excellence in Journalism [PEJ]，2010）发布的数据，排名前7%的美国新闻网站吸引了80%的总流量，前10名网站是传统的新闻供应商或主要的门户网站，它们占有25%的市场份额。互联网根本无法保证放大新的声音；卓越新闻研究的数据发现，“在用户的忠诚度上，传统新闻组织网站，尤其是有线电视和报纸的网站主导着网络空间的流量”（PEJ，2010）。PEJ指出，尽管新闻环境数以千计的入口有极其强大的长尾效应，然而网络流量集中在前几个网站上，“大多数在线新闻的消费者在互联网上浏览，但他们不会逛得太多，而是经常访问二至五个网站”（PEJ，2010），他们把最多的时间花在最受欢迎的网站上。

重要的是，虽然互联网促进了内容的极大增长，推进了内容配置的手段，但互联网的经济趋势和消费趋势和过去并没有多大的差别。实际上，这里不仅存在寡头独占的模式，而且存在公司开发“大票房”的刺激因子，受众显然也心甘情愿地消费这些“大票房”。在一篇研究安德森“长尾效应”命题的调查中（见本书第72～73页），哈佛商学院的安妮塔·埃尔贝斯（Anita Elberse）教授发现，数字音乐商铺Rhapsody下载最多的前10%歌曲占有下载音乐总量的78%；而且，前1%的歌曲占全部下载量的三分之一：这个结果显示了“高水平的集中化”（2008：2）。长尾效应的“尾巴”无疑还在延长；换句话说，即使不存在明显的大市场，如今市场上也有海量的内容。不过，市场也存在扁平化的趋势，“对追求‘大票房’继续成长的消费者而言，这也可以调节一下口味”（2008：9）。如果埃尔贝斯的调查是正确的，那么，安德森的“长尾效应”命题证明的，与其说是文化市场权力在走向均等化，还不如说互联网是更高效的、扩张性的储存

90

系统。

埃尔贝斯的结论是：一心靠数字经济赢利的公司不是提供“长尾效应”的公司，而是“最能利用最佳销售商的公司”（2008：9）。这个结论和“新经济”理论家截然对立，因为那些理论家强调的是“利基”文化的威力。他们认为，由于旧的“大众市场”变成碎片，我们将要看到，“主流市场粉碎为无数的碎片”（Anderson 2009a：5），去大众化的市场将要兴起。一定程度上，这是一个经验性的问题。互联网可能存在无数的推文、博客和上传的视频，但没有什么证据显示，它们会取代传统的内容供应商，成为利润的来源，甚至是新闻的来源。比如，“卓越新闻研究”对在线新闻进行分析后发现，“利基”网站的“粘黏度”（sticky）不如通用型的网站，用户经常回到全国性的和国际性的网站，在那里花去两倍的时间（PEJ，2010）。然而，即使数字经济里真的没有生产“大票房”产品的需求或刺激，几乎还是没有证据表明，“利基”产品的流通依据的是另一种市场逻辑——有别于集中化趋势和积累需求的逻辑。在《谷歌将带来什么?》（*What Would Google Do*?）的一章“大市场式微，小市场万岁”里，贾维斯说（Jarvis，2009：63）：“谷歌弄清楚了如何在利基的汪洋大海里航行，并从中获利”（2009：66），他正确地认识到，即使受众人数再少也可能被商品化并且成为企业获取价值的源头。

安德森和贾维斯相信“利基”市场的民主裨益，但这个信念似乎也建立在“大众”和“利基”关系的误读上。他们认为，“大众”市场是过时的、自上而下控制的市场，“利基”市场是个性的浪漫表达。他们两人都引用马克思主义社会学家雷蒙德·威廉斯[①]的警语“没有所谓大众，只有把人看成大众的方式”（转引自 Anderson，2009a：185；Jarvis，2009：63），将其作为大众市场衰落是值得欢迎的证词。然而，威廉斯根本就没有这样的意思：相反，他评论的是精英制度的权力，它们把普通人描绘为不守规矩的“暴民”，以便更好地管束普通人。他谴责的不是公民集体行动的能力，而是产业领袖和政客用“大众”一词把大群的人商品化。“‘大众’和‘伟大的英国人民’之类的词语会制造麻烦，使我们想到的不是真实的人——以不同方式生活和成长的人，而是把人当成硕大而多头的、积习难变的东西。”（Williams，1968：93）“大众”本身不应该具有任何威胁性，同

---

① 雷蒙德·威廉斯（Raymond Williams，1921—1988），英国新马克思主义者、英国文化批评的代表人物，著有《文化与社会》、《马克思主义与文学》、《传播学》等。

理，“利基”市场也没有任何自动的民主化趋势。

具有讽刺意味的是，“利基”市场的增长推进了另一个领域的集中化：“守门人”的角色越来越得到强化，因为网民越来越多，市场也越来越复杂。去中介化的鼓吹者说，唱片公司已失去生存的机会（见本书第 75 页），但唱片公司的数字收益份额却开始增加了；同时，据说将被谷歌挤出市场的广告公司却在重新进入广告市场。在过去的 10 年里，广告商和出版商之间的空间已经被塞得水泄不通，数以百计的广告网络、数据公司、收益经理、广告服务商和交换商都试图以独特的方式为广告商或出版商服务（Learmonth，2010）。在电子书出版领域，互联网已改变了自出版的可能性；这个领域成了少数电子书大型出版商和制作商比如亚马逊和谷歌之间恶性竞争的战场。肯·奥雷塔（Ken Auletta，2010）撰文指出，亚马逊从出版商买进电子书的均价为 13 美元，却以 10 美元零售价格售出，目的是促销它的 Kindle 阅读器。这是贾纳姆（见本书第 80 页）指出的典型的亏本促销。不过，奥雷塔指出，苹果公司推出 iPad 平板电脑与亚马逊唱对台戏，用 15 美元的均价出售电子书，旨在干预亚马逊的 13 美元定价。结果，出版商迫使亚马逊提高电子书的售价，否则他们就可能抽走电子书。在电子书这个新市场上，虽然用户生成的内容增加了，虽然去中介的技术出现了，可是出版商非但没有失去影响力，反而维护了知识产权所有者作为守门人的权力。然而，在技术构想的“丰饶”经济里，“人为制造的稀缺扼杀规范的商务”（Haque，2009），是不该发生的市场扭曲。相反，它提醒我们注意，在寡头垄断、发展瓶颈和制成品稀缺的资本主义市场上，确保文化商品活力的传统机制同样适用于新数字经济，就像它们适用于旧经济形态一样；有人曾设想，新经济会取代旧经济。

第十一节　小结

安德森、唐斯、贾维斯、塔普斯科特及威廉斯等人描绘了 Web 2.0 世界里各种合作的可能性，这有力地提醒我们，互联网对许多创新生活和文化生活产生了强大的影响。然而，尽管这些著作深谙内情，视角犀利，它们表现的却是资本主义无摩擦的决定论观点；据此，贫困问题业已退场，利润自然回归，剥削已降到最低限度。技术生成了一个新经济体制的美景，资本主义依托的社会关系将会平等而透明；自由市场的动态关系将要从其日常的运行中被抽象出来，将要被新经济体制的美景取代。

92

问题是，即使数字资本主义也受制于老一套阵发性的供求危机，受制于同样的投机活动周期，诸如此类的危机对其他类型的资本主义也会产生影响。谷歌也受到经济衰退的影响，但相对而言，不如房地产商和钢铁商那样严重。尽管如此，谷歌还是由于总体经济活动的衰退而受到影响。迈克·韦恩（Mike Wayne，2003：59）指出，“资本主义经济没有出现新的范式，资本主义绝对的根本趋势是走向生产过剩，并由此而走向危机。”许多因素是“大众”传媒经济的症候，垄断、商品化和积累的倾向尤其如此；这些因素都位于新传媒经济动态关系的核心；互联网固有的矛盾力量既允诺分散又奖赏集中，既迷信开放又鼓励专利——“大众”传媒经济的症候同样是新传媒经济的症候。数字领域不是与旧经济平行的领域，它强化了一个生产系统里的原创与合作、等级结构和两极分化的紧张关系，这样的张力是资本主义优先考虑的因素；资本主义依托的首要因素是追求利润。

参考文献

Anderson，C.（2009a [2006]）*The Longer Long Tail*：*How Endless Choice Is Creating Unlimited Demand*（first published in the US as *The Long Tail*），London：Random House Business Books.

——（2009b）*Free*：*The Future of a Radical Price*，London：Random House Business Books.

Armstrong，S.（2009）'It's Very Dangerous to Go Free'，*Media Guardian*，16 November.

——（2010）'Bauer's Freelancers up in Arms over New Contracts'，guardian.co.uk，19 April. Online. Available HTTP：<http：//www.guardian.co.uk/media/2010/apr/19/bauer-freelance contracts-row>（accessed 7 May 2010）.

Auletta，K.（2010） 'Publish or Perish'，*New Yorker*，26 April. Online. Available HTTP：<http：//www.newyorker.com/reporting/2010/04/26/ 100426fa_fact_auletta>（accessed 24 October 2011）.

Battelle，J.（2005）*The Search*：*How Google and Its Rivals Rewrote the Rules of Business and Transformed Our Culture*，London：Nicholas Brealey.

Bell，D.（1973）*The Coming of Post-industrial Society*：*A Venture in Social Forecasting*，New York：Basic Books.

Benkler, Y. (2006) *The Wealth of Networks: How Social Production Transforms Markets and Freedom*, New Haven: Yale University Press.

Blair, T. (1998) *The Third Way: New Politics for the New Century*, Fabian Pamphlet 588, London: Fabian Society.

Cairncross, F. (1997) *The Death of Distance: How the Communications Revolution Will Change Our Lives*, London: Orion.

Cassidy, J. (2002) *dot. con*, London: Allen Lane.

Coyle, D. (1997) *The Weightless World: Strategies for Managing the Digital Economy*, Oxford: Capstone.

Downes, L. (2009) *The Laws of Disruption: Harnessing the New Forces that Govern Life and Business in the Digital Age*, New York: Basic Books.

93 Elberse, A. (2008) 'Should You Invest in the Long Tail?', *Harvard Business Review*, July-August, 1 - 11.

Fiske, J. (1987) *Television Culture*, London: Methuen.

Fuchs, C. (2009) 'Information and Communication Technologies and Society: A Contribution to the Critique of the Political Economy of the Internet', *European Journal of Communication*, 24 (1): 69 - 87.

Garnham, N. (1990) *Capitalism and Communication*, London: Sage.

Google (2004) 2004 *Founders' IPO Letter*. Online. Available HTTP: <http://investor. google. com/corporate/2004/ipo-founders-letter. html > (accessed 24 October 2011).

—— (2010) *10-K Report*. Online. Available HTTP: <http: //investor. google. com/documents/20101231 _ google _ 10K. html> (accessed 24 October 2011).

Graham, A. (1998) 'Broadcasting Policy and the Digital Revolution', *Political Quarterly*, 69 (B): 30 - 42.

Guardian (2010) 'Factfile UK: Education, Sport and Culture', *Guardian*, 27 April.

Haque, U. (2005) 'The New Economics of Media', www. bubblegeneration. com. Online. Available HTTP: < http: //www. scribd. com/doc/12177741/Media-Economics-The-New-Economics-of-Media-Umair-Haque > (accessed 20 April 2010).

—— (2009) ‘The New Economics of Business (Or, the Case for Going Great-to-Good)’, HBR Blog Network, 9 April. Online. Available HTTP: <http://blogs.hbr.org/haque/2009/11/why_news_corps_antigoogle_coun.html> (accessed 24 October 2011).

Helft, M. (2010) ‘Justice Dept. Criticizes Latest Google Book Deal’, *New York Times*, 4 February. Online. Available HTTP: <http://www.nytimes.com/2010/02/05/technology/internet/05publish.html> (accessed 10 May 2010).

Internet Retailer (2010) ‘The Top 10 Retailers Are Big and Getting Bigger’, *Internet Retailer*, 5 May. Online. Available HTTP: <http://www.internetretailer.com/dailyNews.asp?id=34738> (accessed 7 May 2010).

Jarvis, J. (2009) *What Would Google Do?*, New York: Collins Business.

Leadbeater, C. (1999) *Living on Thin Air*, London: Viking.

—— (2009) *We-Think*, London: Profile Books.

Learmonth, M. (2010) ‘Web Publishers Left with Little after Middlemen Split Ad Spoils’, *Advertising Age*, 1 March. Online. Available HTTP: <http://adage.com/digital/article?article_id=142332> (accessed 3 April 2010).

Lessig, L. (2002) *The Future of Ideas: The Fate of the Commons in a Connected World*, New York: Vintage.

Machlup, F. (1962) *The Production and Distribution of Knowledge in the United States*, Princeton: Princeton University Press.

Madrick, J. (2001) ‘The Business Media and the New Economy’, Research Paper R-24, Harvard University, John F. Kennedy School of Government.

Marx, K. (1918) *Capital: A Critical Analysis of Capitalist Production, Volume One*, London: William Glaisher.

—— (1973) *Grundrisse: Foundations of the Critique of Political Economy*, New York: Vintage.

Marx, K. and Engels, F. (1975) [1848] *Manifesto of the Communist Party*, Peking: Foreign Languages Press.

Mosco, V. (2009) *The Political Economy of Communication*, 2nd edn, London: Sage.

Negroponte, N. (1996) *Being Digital*, London: Coronet.

Oreskovic, A. (2010) 'Google CEO Says Company Tends to Create Enemies', Reuters. com, 13 April. Online. Available HTTP: http: //uk. reuters. com/article/idUKTRE63C0AM20100413 (accessed 7 May 2010).

94

PEJ (Project for Excellence in Journalism) and the Pew Internet & American Life Project (2010) *The State of the News Media: An Annual Report on American Journalism.* Online. Available HTTP: < http: //wwv. stateofthemedia. org/2010/online _ nielsen. php> (accessed 9 April 2010).

Porat, M. (1977) *The Information Economy*, Ann Arbor, MI: University Microfilms.

Purcell, K. (2010) 'Teens and the Internet: The Future of Digital Diversity', Pew Research Centre. Online. Available HTTP: <http: //www. pewinternet. Org/~/media// Files/Presentations/2010/Mar/FredRogersSlidespdf. pdf > (accessed 23 April 2010).

Rayport, J. (2007) 'Advertising's Death Is Greatly Exaggerated', *Market Watch*, 8 June. Online. Available HTTP: <http: //www. marketwatch. com/story/advertisings-death-is-greatly-exaggerated? dist=> (accessed 7 May 2010).

Shirky, G. (2008) *Here Comes Everybody: the Power of Organizations without Organization*, London: Allen Lane.

Smith, T. (2000) *Technology and Capital in the Age of Lean Production*, Albany, NY: SUNY Press.

Sparks, C. (2000) 'From Dead Trees to Live Wires: The Internet's Challenge to the Traditional Newspaper', in J. Curran and M. Gurevitch (eds) *Mass Media and Society*, 3rd edn, London: Arnold, 268 - 92.

Surowiecki, J. (2004) *The Wisdom of Crowds*, New York: Doubleday.

Sylvain, O. (2008) 'Contingency and the "Networked Information Economy": A Critique of *The Wealth of Networks*', *International Journal of Technology, Knowledge, and Society*, 4 (3): 203 - 10.

Tapscott, D. and Williams, A. (2008) *Wikinomics: How Mass Collaboration Changes Everything*, London: Atlantic Books.

Toffler, A. (1980) *The Third Wave*, London: Pan Books.

Touraine, A. (1971) *The Post-industrial Society: Classes, Conflicts and*

Culture in the Programmed Society, London: Wildwood House.

Vise, D. (2008) *The Google Story*, London: Pan Books.

Wayne, M. (2003) *Marxism and Media Studies*, London: Pluto Press.

Williams, R. (1968) [1962] *Communications*, Harmondsworth: Penguin.

Zittrain, J. (2008) *The Future of the Internet*, London: Penguin.

第四章　互联网规制的外包

德斯·弗里德曼

第一节　小序：别烦我们

95　1996年2月8日，克林顿总统签署了《联邦通信法》（Telecommunications Act），该法案是对1934年联邦通信法案的全面修订。其总体精神是去掉一部分规制，但它含有特别引起争议的一章，即《传播风化法》（Communications Decency Act），其宗旨是管理互联网上淫秽和色情的内容，向18岁以下的人传播色情内容将被定罪。就在那一天稍晚的时候，在数千英里之外的瑞士山顶上，约翰·佩里·巴洛（John Perry Barlow）号召人们抵制这一法案。巴洛是感恩而死乐队（Grateful Dead）的作词人和互联网自由的斗士。他的号召集义愤和自由主义的激情于一体，他说，《传播风化法》"试图对赛博空间里的会话实行严格的限制，其规定之严格超过了美国参议院自助餐厅里的规定。我在那里吃过饭，领教过联邦参议员们有伤风化的各色会话；每次在那里吃饭都领教过他们的'风化'"（Barlow，1996）。他认为对策是："好吧，操那些王八蛋。"

巴洛旋即发布了一个宣言，呼吁实施开放的、不受规制的互联网，他的呼吁在网络世界至今余音绕梁。

> 工业世界的政府，你们是钢铁和肌肉的虚弱巨人，我来自赛博空间，新的思想家园。我代表未来，要求你们这些旧世界的人别烦我们。我们不欢迎你们。在我们的聚会之地，你们没有统治权。我们没有民选的政府，也不太可能有民选的政府。我对你们说话时的权威并不高于自由自始至终说话的权威。我宣告，我们正在建立的全球社会空间会自然独立于你们企图强加的暴政。你们没有道德权利统治我们，你们没有任何实施暴政的方法，我们也没有理由惧怕你们实施暴政。
>
> （Barlow，1996）

有趣的是，巴洛发布宣言的地方是达沃斯，这是世界经济论坛的主办地；每年夏季，各国的经济领袖和政界领袖来这里举行一个星期的峰会，就产业经营中如何维护自由市场精神、如何将政府干预降到最低限度的问题谋划战略，集思广益。巴洛斗志十足的宣言，不是第一次（也不是最后一次）支持互联网的独立；与之呼应的是对资本主义不受束缚的原则同样有力的捍卫。 *96*

巴洛崇奉美国宪法的自由主义原则，崇奉赛博空间的自由，得到了许多网络斗士的附和。在互联网世界的著名指南《数字化生存》（Negroponte，1996）里，麻省理工学院媒介实验室的创始人尼古拉斯·尼葛洛庞帝论述了模拟原子和数字比特在规制上的差异。他说："大多数法律是在原子世界里构想并为之服务的，却不是为比特构想、服务的。我想，法律是早期预警系统，告诉我们'这是个大家伙'。但全国性的法律不应当存在于赛博空间。"（1996：237）尼葛洛庞帝的论述分两个方面。首先，他追随当代全球化的大量论述（如 Ohmae，1995），坚持认为传统民族国家失去了象征性权力和政治权力储存所的特权地位。国家"不足以小到成为地方权力，也不足以大到成为全球权力"（Negroponte，1996：238）。其次，他强调指出媒介世界必然的结构调整，媒介世界将告别巨型官僚体制的主宰，一种新的去集中化的"小作坊产业"将要兴起。在他看来结果就是，"媒介既有变大的一面，又有变小的一面，所以，全球治理也必须该大就大，该小就小"（1996：239）。

对许多有影响力的热衷于新网络环境的人士而言，这种变化转换成了一种共识：政府干预的唯一后果是扼杀创造和革新，而它们正是赛博空间的特色。网络世界的看家杂志《连线》的编辑凯文·凯利认为，这一变化的后果是：

> 没有人控制互联网，没有人负责。美国政府间接补贴互联网，有一天醒来却发现，这个网络自己转动，不需要多少管理或检查，它在技术精英的终端机之间游走。正如互联网用户的豪言壮语所示，互联网是世界上最大的运转正常的无政府组织。
>
> （Kelly，1995：598）

互联网名称与数字地址分配机构（ICANN）的主席埃丝特·戴森（Esther Dyson）认为，政府在它与互联网的关系中所起的作用必然是极端有限的。"问题是，如何使公众的想象力聚焦于一个较好的解决办法——不是政府的规制，甚至不是产业的自我规制，而是一个消费者能发挥作用、控制信息的环境。"（Dyson， *97*

1998：6）

重要的是，这些人从某种程度上反映了美国自由主义的声音，虽然未必能代表所有的政治文化，但他们不是边缘人，而是在全球普及互联网中扮演决定性角色的人物。这些声音反映了一个强烈的信念：终于有了一个传播媒介可以绕开传统的守门人，可以篡夺其权力，尤其能规避“旧”媒介巨头和各种政府形式，并且能将权力还给普通用户。不管互联网实际的历史演变如何，他们认为，当前的国家权力敌视网络的自由（货币和政治意义上的自由）和开放的发展，我们将要在下文看到，这不无道理；原则上，互联网的特征是非区别性、去集中化和连通性。

这不是古代历史，但鉴于本章集中描绘互联网的发展，诸如此类的自由主义叙事似乎就标志着一个非常独特的时期：互联网的婴儿期，有别于今天比较成熟的时期。如今人们已经达成一个广泛的共识：对任何一种大型的传播中介而言，由于它本身具有重大的经济和社会意义，至少应该有一套最低限度的规制，以确保顺利、平稳和安全的运行。对于规制的具体形式，以及各国在实施的过程中的有关人员配置、控制措施和实际走向，意见就很不一致。由于互联网自身的发展建立在丰饶和互用性上，由于它不需遵守国家边界，情况就很复杂，就使传统的规制结构成了问题，并使之瓦解。法学家约翰逊（Johnson）和波斯特（Post）在一篇著名的论文中指出，由于现有法系不足，互联网“颠覆了以地理空间的边界为基础的立法体系，有人宣称赛博空间自然应该由领土界定的规制来控制，至少现在这一说法是被颠覆了”（Johnson and Post，1996：1368）。

因此，本章试图回顾的就是过去10年里互联网规制过程中重要的关节点。我们不是简单描绘和列举规制发生的地点和机制，而是把重点放在最重要的文献和鼓动规制的思想上，这些思想有助于形塑我们今天所理解的“互联网规制”。我们强调从“治理”到典章化规制的转向，同时还介绍网络规制和更广泛接受的传播规制之间的连续性。本章还将考察，互联网规制过程中权力关系的非自由主义转化是如何发生的，尽管各国情况各有不同。我们提出这样一个问题：谁是如今的规制者？这样的提问暗示：我们不否认国家可以成为一个有力而民主的代理机构；非但如此，我们还需要设计独立于商业利益和政府利益的规制系统，并使之成为公共利益的保证。互联网本身是公共政策的产物；所以我们建议，由充分民主的国家来规制互联网，这是合理合法的，而不能让外包的私人利益、党派性很强的政府、威权主义政府或不透明的超国家机构来规制互联网；国家对互联网

98

的规制应该保证互联网公用事业的功能，要让所有的公民能用上互联网，要让互联网为全体公民负责。

第二节　互联网的非政府化规制

20世纪90年代，反国家规制的理念在许多互联网倡导者的思想里占据主导地位；如今，该理念已演化为一个新的共识：凡是在可能的情况下，互联网最好由用户和专家来管理，而不是由政界人士和政府来管理。在畅销书《凌志汽车和橄榄树》（*The Lexus and the Olive Tree*）（Friedman，2000）里，托马斯·弗里德曼（Thomas Friedman）明确区分了令人满意的“治理”（governance）和令人不满意的“管治”（government），后者被他视为“全球警察”。在他看来，胁迫一般是追求民主和自由市场的最后手段：“当你参与某种人类价值的形塑时，你就会惊奇地发现，在没有全球管治的情况下，你能更好地完成全球治理、创造奇迹”（2000：206）。面对一种开放标准的技术革新时，胁迫式的控制只能起到降低生产力的作用，甚至起到破坏作用。实际上弗里德曼认为，互联网之所以那么富有活力，正是由于它的开放性；借此，“最佳的解决办法迅速达成，阵亡者的遗体迅速被搬离战场”（2000：226）。

所谓治理，有别于自上而下的政府引导的规制形式，它是一种分散而灵活的组织形式。一般认为，治理暗示了一种网络控制形式，主要指一个过程，与此过程相关的有许多参与者（Daly，2003：115－16）。互联网治理理论家米尔顿·米勒（Milton Mueller）认为，治理“指的是在没有顶层的总体政治权威的情况下，相互依存的行为者之间的协调与规制”（2010：8）。联合国互联网治理工作组（United Nations Working Group on Internet Governance）报告里有这样一个定义：“互联网治理是政府、私营部门和民间社会根据各自的作用制定和实施旨在规范互联网发展和使用的共同原则、准则、规则、决策程序和方案”（转引自de Bossey，2005：4）。由此可见，“治理”比“管治”的概念范围更宽、灵活性更强，治理“不仅指正式的和约束性的规则，而且指许多媒体内外的非正式的机制，由此，媒体‘走向’众多的而且常常不一致的目标”（McQuail，2005：234）。各国政府独立制定规则、达成协议的概率不太大，不如商议并制定标准的专家组织；这样的专家组织有：互联网工程任务组（Internet Engineering Task Force）、国际互联网协会（Internet Society）、万维网联盟等。它们有规范权，但

99

没有立法权（Benkler，2006：394）。与此相似，网址名称的分配不是立法决定的，而是由一个私营的、非营利组织分配的，该机构名为互联网名称与数字地址分配机构，它接过了过去由美国政府承担的职能。

这些组织象征着支持者心目中更为独立的、精英领导的规制路径，这直接反映了互联网去中心化的结构和用户参与的潜力。迈克尔·弗卢姆金（A. Michael Froomkin，2003）认为，互联网工程任务组之类的标准制定组织也许是反映哈贝马斯[①]思想的最佳机构，最适合话语伦理和公共领域的运作。他认为，互联网工程任务组表现出“高度的开放性和公开性”，表现出参与者“令人吃惊的高度自觉和自省；他们对于这个任务组是如何形成、其产出为何是合理合法的有着相同的解释”（2003：799）。实际上，正是由于参与者坚信“传播的解放性潜力”，结果才体现了互联网“增进民主、促进商务的工具性价值”（2003：810）。当然，这个组织由高级专家组成，由男性和单一语言主导（工作语言是英语），但由于互联网工程任务组专注于维护开放的标准，它的“固有属性还是社群主义的”（2003：816）。它给了我们最好的灵感，使我们能在互联网的基础结构上达成一致意见。

起初，互联网名称与数字地址分配机构很受欢迎，论者认为它是“优质”治理的潜在的孵化器（见本书第111页）；但它后来屡遭诟病，批评者责备它不够透明和民主。曼纽尔·卡斯特（Manuel Castells）写道：“它的议事程序体现了开放……去集中化、积累共识和自主的精神，在过去的30年里，这种精神是互联网治理的特征。”（Castells，2001：33）无论该协会的缺点如何，卡斯特坚持认为，它给了我们很大的启示：为了获得合法性，管理互联网的新机构比如互联网名称与数字地址分配机构是必须要建立的，其原则是“择优建设共识的传统，这是互联网发轫期就具有的特征”（2001：33）。

国际层面上的类似发展也贯穿始终。互联网不会消极被动地接受固定地理疆界的束缚，所以我们看见一种超国界的治理方式应运而生，这种治理方式不受传统的国家规制体系约束。它既包括以国家为基础的跨国组织比如世界贸易组织（WTO）和世界知识产权组织（World International Property Organization），又包括更多公民社会参与的组织比如信息社会世界峰会（World Summit on the Infor-

---

① 哈贝马斯（Jürgen Habermas，1929— ），德国哲学家、社会学家、当代西方最重要的思想家之一、法兰克福学派的第二代旗手，著有《公共领域的结构转型》、《社会科学的逻辑》、《交往行为理论》等。

mation Society)，这个峰会在 2003 年和 2005 年两次探讨如何弥合数字鸿沟，此外还有互联网治理论坛（Internet Governance Forum）。如此，互联网催生了一个组织网络，使理论家宣告“全球媒介治理”（global media governance）体系的兴起（Ó Siochrú et al.，2002），这个体系主要由围绕联合国的跨国组织构成，但也不排除其他的组织。富兰克林（Franklin）撰文指出，这个体系证明，建立于国家政策架构的权力正在减弱，信息传播技术正在实现空间重组（re-spatialisation）：“多边机构安排‘多边利益攸关者’会晤时，跨地、跨国、跨领土的轨迹和联盟就覆盖在国内—国际边界线上了”（Franklin，2009：223）。如今，在当代信息政策的制定和执行中，众多来自私营部门和公民社会的非国家实体起到了核心的作用。 100

然而，就在国家的行政管理之下，政府和其他利益攸关者不仅在向上延伸到超国家的高度，同时又在向下延伸去建立独立的或准自主的规制机构。这表明，政府乐意外包一系列过去由国家承担的责任，把它们转交给了非政府组织。在内容监控、域名分配和隐私保护等方面，国家（至少有一部分国家）让出了唯一仲裁者的角色。一个日益明显的趋势是，当代比较受欢迎的治理方式是自我规制（self-regulation）；借此，企业根据一套商定的代码和共同规制（co-regulation）来调整自己的行为，并且与国家合作去设计和遵守规则。关于自我规制的介绍，参见坦比尼（Tambini）等的《为赛博空间建章立制》（*Codifying Cyberspace*）（Tambini et al.，2007）。比如，欧盟委员会的视听媒体服务指令（Audiovisual Media Services Directive）就明确提倡自我规制和共同规制，以推进公共政策的实施（EC，2015：5）。

为什么应该这样呢？弗里德曼（Freedman，2008：126）指出，自我规制在传播产业里的吸引力日益增加，至少部分原因是新自由主义者希望有一个规制比较宽松的环境，以追求自己的目标。但毫无疑问的是，互联网本身的特征使自我规制优于立法监管。安彭华（Ang，2008：309－10）认为，自我规制更适合网络世界有两个原因，首先，在这个动态系统的语境中，非正式的处理过程更适应变化，不容易抑制创新；其次，最能理解和执行规章的不是法官或政界人士，而是企业家和软件工程师。不过，自我规制和网络世界会合还有一个原因，正如托马斯·弗里德曼所言（2000：471）：“正是由于互联网是中性、自由、开放和无规制的商务活动的载体，所以在使用这一技术时，个人的判断和责任至关重要。”换句话说，在内容让消费者自由选取而不是由传播者强加的环境里，自我规制似乎是合适的；自我规制不仅在技术上合适，而且在文化上合适，互联网用户被赋予的主动权比较多，相比而言，传统的媒介消费的主动性比较少。斯坦利·鲍德温[①]大致说过这样的话：自我管理的目标是既赋予消费者责任，也赋予消费者权力。

比如，英国对互联网非法内容的监管不是靠政府部门，而是靠一个产业赞助的机构：网络观察基金会（Internet Watch Foundation）。这个基金会是一批互联网服务商（ISP）于1996年建立的。西班牙亦如此，其互联网质量监管机构（Internet Quality Agency）2002年成立；法国亦如此，创建于2001年的互联网权利论坛（Internet Rights Forum）创立的依据“和自上而下的路径没有关系”（Falque-Pierrotin and Baup，2007：164）。英国的网络观察基金会指出，因为大多数非法性侵儿童的图像和重度色情的图像网站在国外，英国相关法律难以追究其责任，所以就需要新的监管办法。一方面，它敦促国外的类似团体要求政府注意这样的非法活动，另一方面，它投诉存在非法内容的英国互联网服务高，要他们注意自己网上的非法内容，敦促他们尽快予以删除。这就是所谓的“知会和卸载”（notice and takedown）政策。该基金会的首席执行官彼得·罗宾斯（Peter Robbins）介绍说，他们整个系统的工作原则是“共识”：“这是许多公司的集体社会责任，他们提供经费，让我们尽力加以改善”（Robbins，2009：9）。

与欧洲电子商务规制一致，英国的法律免除互联网服务商和网络中介为互联网内容承担的责任。借此，它们能确定“纯传输管道”的作用；换言之，它们能证明，自己在不知情的情况下传输了非法材料。在此，责任在材料的原创者或上传者。早期案子的裁决倾向于反对“无罪流通”的抗辩，但近年的裁决对互联网供应商更加同情，也许这正好说明自我规制越来越有效。实际上，齐特林（2009）说，“知会和卸载”的处理办法是有用的平衡，对版权所有者和业余爱好者的利益都有所照顾，其运行模式是事后反应式的，但不是事先干预的；这一模式可能更适合比较宽松的互联网环境：“通过先发制人的干预去杜绝某些行为，实际上可能剥夺使用者的权力，他们可能抱怨说他们乐意忍受。”（2009：120）。齐特林认为，这反映了互联网技术的“富有生产力”，核心魅力是容易获得、难以预料和“出乎意料的变革”（2009：70）。在这里，“自上而下”的规制最好减少到最低限度。

“能产型”规制（generative）和“非能产型”（non-generative）规制的关系

---

① 斯坦利·鲍德温（Stanley Baldwin，1867—1947），英国保守党人，曾三次出任首相。

日益紧张，最有力的表现是尤查·本科勒的观点。在《网络的财富》（*The Wealth of Networks*）（Benkler，2006）一书里，他说，以公共资源为基础的信息生产的新形式旨在挑战现行集中化和等级化的信息流。现在看来，新与旧的斗争最明显不过地表现在法律与规制之争，在这里，常常爆发版权、专利和社会生产形态之争。本科勒认为，这场斗争形式是21世纪的“文明冲突；在此，形成制度生态的政治司法压力必然有利于专营业务模式，必然和本书描绘的新兴的社会习俗迎头相撞”（2006：470）。然而，在这场争斗中，规制似乎并不是中性的机制。本科勒认为，法律常常被用于“事后反应和保守”（2006：393）的模式，*102* 保护了企业主的利益，遏制了社会分享媒介的兴起；在此，规制似乎表现为过时的信息生态。他承认，在有限的情况下，事先干预可能是必需的，比如用反托拉斯的举措来开放市场；然而，“几乎在一切情况下，新兴的网络经济需要的不是规制的保护，而是规制的节制”（2006：393）。

第三节　互联网的政府化规制

然而，关于互联网独特治理方式的形成历史，还有另一种说法，其中最有代表性的恐怕是米尔顿·米勒谈及赛博空间自由主义的一段经典评论，他说：“巴洛的宣言没有过时”（Mueller，2002：266）。不过，互联网历史的另一种叙述则强调：尽管有全球化的过程，在互联网规制机构和机制的形成、普及和实施上，各国政府继续发挥着关键的作用。从1998年的美国《数字千年版权法案》（Digital Millennium Copyright Act）试图用反规避措施来实行严格的知识产权保护，将其强加于新的数字环境（Benkler，2006：413－18），到2010年的英国《数字经济法案》（Digital Economy Act）批准对长期盗版下载的用户执行断网制裁（评论见Doctorow，2010）；从克林顿政府在1998年建立互联网名称与数字地址分配机构中发挥了重要作用到中国政府对互联网进行监管；从美国和欧洲多个国家以国家的名义支持延长版权保护期限，到世界各国加强对赛博空间的国家干预——种种迹象表明，政府没有退出互联网的规制。诚然，由于多边团体和自我规制机构的出现，国家对互联网的控制大权开始旁落；但针对这一情况，正如米勒（2010：4）断言，一些国家近年已经进行回击，他将其描绘为“反革命”。不同国家的规制干预有所不同，但国家协调互联网越来越重要了。

关于国家层面的互联网规制仍然在起作用，戈德史密斯和吴修铭（Goldsmith and Wu，2006）所做的记叙和辩护是最广为人知的。他们这本书名为《谁控制了互联网?》(*Who Controls the Internet*?)，其副标题就是“无边界世界的幻觉”（*Illusions of a Borderless World*）。两人认为，在全球化的世界上，不仅国家边界和主权政府仍然有意义，而且至少代议制政府最有条件来保护民主制度和空间：“由于开放而自由的报业、正规的选举和独立的司法，民主政府是人类设计的最佳体制，它可以集成人们的各种利益和愿望，形成一种可行的治理秩序”（2006：142）。超民族或超地域的机构能发挥一点作用，但归根结底，你可以“批评传统的主权政府，对政府的许多失误感到惋惜，但找不到其他更好、更合理的政府组织形式”（2006：153）。

103

吸收了国家具有垄断强制力的、韦伯式的传统观念，戈德史密斯和吴修铭坚持说，认为互联网不受民族国家法律管束的人是完全错误的：“在过去的10年间，许多政府采取了一系列的技术措施来控制海外互联网通信，在国境内强制执法。”（2006：viii）比如，卡斯特就说，从2000年开始，在线空间需要规制这一问题得到重视，各国政府认识到赛博空间犯罪构成的威胁（2001：177）。为了恢复秩序、夺回规制领域的控制权，“大国政府有必要合作，创造全球空间的新秩序……创建一个规制和管束机构的网络”（2001：178）。卡斯特指出，一个建立在商业化和监管基础上的新构架正在形成，并且正成为“主要的控制工具，使实施传统国家权力形式的规制和管控成为可能”（2001：179）。

这样的监管政策得到了最富有戏剧性的验证。2010年维基解密披露了25万份美国外交密电，涉及国际社会一些令人尴尬的细节，包括英国和美国对巴基斯坦核安全的担心，对美国支持的阿富汗政府腐败的指控，沙特呼吁轰炸伊朗的证据。对这些电报的流通，许多国家和组织如中国、巴基斯坦和泰国以及美国空军采取了非自由主义的立场，部分或全部拦截式中这些邮件；美国陆军和白宫劝诫员工不看这些秘密材料（IFEX，2010）。美国司法部向Twitter公司发出传票，要求它交出其用户使用这些密电的情况；华府大人物施压以后，万事达信用卡、维萨信用卡和贝宝与维基解密断绝了关系（Hals，2010）。维基解密披露的赛博反情报评估中心（Cyber Counterintelligence Assessments Branch）的一份报告提到了维基解密造成的危险，其中包含以下建议：“指认、暴露或解雇知情人、泄密者或告密者，或对他们提起法律诉讼，能够打击或摧毁维基解密，或阻遏其他人向维基解密提供情报公开信息”（Army Counterintelligence Center，2008：3）。

然而总体上，自由民主国家靠直接规制（或审查）来管控分散的用户还是比较少见的，相比而言，通过自我规制的办法来约束内容供应商和财务公司等中间商还是要多一些。用戈德史密斯和吴修铭的话说，这就达到了“用地域性的中间商来实施超地域的控制”（2006：68）。在这个语境下，这里的自我规制所说的，不是本书上一节所谓的自主机制或同侪主导的机制，而是说明：议程设置和实施的权力多半还是掌握在国家手里。 *104*

经济合作与发展组织（OECD）举办的一场研讨会即为一例，会议名为“互联网中间商对推进公共政策目标的作用”。与会者一致认为，虽然部分免除互联网中间商的责任有助于互联网的发展，但是，“国内国际的压力日益增加，政府、知识产权持有者和消费者群体都寻求互联网中间商的帮助，希望他们能控制版权侵犯行为、儿童色情，并在改进赛博空间安全等方面尽一己之力”（OECD，2010：3）。换句话说，大家普遍认为，中间商的规制机制能够更有效地确保互联网安全可靠地正常运行，直接的压制反而效果差。实际上，美国驻经合组织的代表在这个论坛上发表了主旨演讲。她强调指出，“在快速变化的环境里，跨国境的信息流增加，加重了人们对审查和隐私的关切，决策者若还是执行‘撒手不管’的政策会遭到越来越大的挑战”（2010：7）。换言之，中间商可能是政府越来越倚重的机构，政府通过它们来维持对互联网环境总体的战略监管，政府可以把日常运行里的控制交给私营的营运商。

从新自由主义的视角来看，国家有责任矫正互联网“日益霍布斯[①]式”的倾向（Lewis，2010：63），要把网络世界当做一个“失败的国家”，就像为了恢复美国式民主而干涉伊拉克和阿富汗一样。美国战略和国际研究中心（Center for Strategic and International Studies）的詹姆斯·刘易斯（James Lewis）指出，自我规制在美国政治文化里根基很深，被视为拥有优越的科学方法和“工程般的效率”（2010：61），但撒手不管的态度不足以使政府维持控制。有人认为，运行良好的监管互联网的法律自然而然会出现，这个观点也已被证明是不对的。相反，“政府的控制正在从被动变成主动”（2010：63）。这是美国政府特别紧迫的任务，因为它受到其他国家和地区尤其是中国的挑战，它们在宣示自己控制互联网的权力。刘易斯的结论是：“在管理互联网、确保其安全的新阶段，政府而不是私营

---

① 托马斯·霍布斯（Thomas Hobbes，1588—1679），代表作《利维坦》，认为君主专制政体是最理想、最可取的政府形式。

企业将承担领导责任。”（2010：64）

然而，这样的言论隐含着有关政府和私营企业的错误的二分法，因为美国政府（而且绝不止美国政府一家）早就在互联网政策上抱着亲企业的态度。伊拉·马格金（Ira Magaziner）的一段话最好地描绘了政府在互联网政策上的态度。他是克林顿总统的技术顾问，是20世纪90年代克林顿政府争取规制互联网的关键人物。他的话值得大段引用，因为他阐明了美国政府对互联网发展的承诺，政府

105

> 对互联网的发展采用市场驱动的路径。我们觉得，互联网是自下而上的媒介，不应该过分规制；我们觉得，我们想要保存互联网有机的性质，但为了使商务活动展开，我们启动了一系列可以预料的规定，因为商务活动需要一定程度的可预见性。所以，我们主张制定统一的代码，以管理交易，规范数字签名的市场导向路径；我们反对对互联网实施审查，我们觉得网上内容应该自由；你们想要政府的管理机制全球受欢迎，但那样的机制仍然会是市场驱动的机制，而不是严格调控的机制。我们主张互联网不征税，争取在跨境的互联网商务活动中就免关税达成协议，避免对互联网征税。建议对比特征税的意见曾经满天飞。我们则提议，联邦通信委员会（FCC）和国际电信联盟（ITU）都不要像对电话征税那样对待互联网，分组交换网络不应受联邦通信委员会管束。
>
> （Lewis，2010：65）

伊拉·马格金的这段话绝不是表明克林顿政府会从控制网络环境的立场上退却，相反，克林顿政府试图从微观上来管理互联网的演化，确保网络空间对商务安全、对用户可靠、对政府可以接受。后来的几届政府的举措也没有不同（见2005年FCC的*Internet Policy Statement*），即使是“低干涉”的规制，政府规制也依然存在，并且是优先选择的互联网治理方式。

第四节　互联网规制的代码化

然而，围绕互联网规制的论辩陷入了观念的泥潭，形成了众说纷纭的局面。有人说，赛博空间容易规制，亦有人说不容易；有人说，任何规制都必须受制于法规的监管或自愿的监管，亦有人说，规制必须由国家或超国家的制度来进行。也许斯坦福大学教授劳伦斯·莱西格（Lawrence Lessig）提供了解决这个难题的

最有效答案。他摒弃了以下观念：对互联网之类的技术系统而言，规制是外在于它的或强加于它的。在著名的《代码 2.0：网络空间中的法律》（*Code* 2.0）一书里，他说，“赛博空间靠代码来规制”（Lessig，2006：79）。互联网的程序、协议和平台并不是和规制分离的，它们本身就是规制的一部分。软件和硬件构成赛博空间的结构基础即代码，这就是网络空间的基本结构。莱西格认为，代码指的是嵌入软件或硬件的指令，而赛博空间是由软件和硬件构成的。这个代码是赛博空间社会生活的“人造环境”，是赛博空间的“结构”（2006：121）；这一结构把价值嵌入技术，使用户能办成某些事情，或者对用户进行某些限制。于是，开放的网络使人能进行不受过滤的会话；同理，收费墙旨在把人关在门外。开源代码软件鼓励试验和补救，相反，“锁止式”（tethered）的设备比如 iPad 和 iTouch 播放器阻止你离开其设定的空间。由此可见，互联网被外部力量规制的说法是不完全的，因为它本身就在规制自己的环境，就在诱发某些行为，亦在镇压另一些行为。

106

关键的问题是，莱西格提出扩张性的规制观念，其范围远远超过具体法规或指导原则的执行。互联网的规制是由四种“模态”（modality）的互动“生成”的。这四种“模态”是：法律、社会规范、市场和结构（2006：123）。前三种不容易引起争议：我们在法律面前控制自己的行为；根据能否被社会规范接受来控制自己的行为；根据市场所能提供的物品来控制自己的行为。实际上，我们早就受到空间结构的规制——请注意福柯[1]论环形监狱对自我规制的影响（Foucault，1977）。但在这四种“模态”交叉的地方，网络世界内在和外在的权力正在迅速向硬件或软件的设计者迁移。莱西格认为，“代码的写手日益成为法规的制定者。他们决定什么是互联网上的违约，什么样的隐私应该保护，什么程度的匿名应该得到允许，什么程度的信息存取应该得到保证”（2006：79）。

实际上，莱西格将代码分为两类：“开源代码”（open code）和“封闭代码”（closed code）。“开源代码”有：驱动对等网络和自由软件、培育网络行为透明度的网络（2006：153）。相反，“封闭代码”首先是为专利目的而设计的；虽然它很不透明，但在市场驱动的互联网空间中扮演了核心的角色。经过一段时间的合作和试验之后，商业利益日益界定着网络世界的结构：代码成了非常重要的商品，正在进入政府的轨道，政府希望为基于代码的服务和产品培育一个有规则束

---

① 米歇尔·福柯（Michel Foucault，1926—1984），法国哲学家、后现代主义、后结构主义者，代表作有《疯癫与文明》、《词与物》、《知识考古学》、《性经验史》等。

缚的、赢利的市场。莱西格说，“代码的编写商品化以后，它成了少数公司的产品，政府规制代码的能力随之减少”（2006：71）。这是对“开源代码”的伤害，而“开源代码”具有更强的民主味和包容味。

莱西格将代码说成是规制，这似乎有一点决定论的味道；就是说，代码的固有属性就是规定某些形式的行为；同时，代码对亲国家的势力是开放的，这些势力认识到了互联网结构的力量。比如，戈德史密斯和吴修铭就认为，用代码规制是必不可少的，是“地域治理和物理胁迫的底层系统的一部分”（2006：181）。刘易斯（2010：63）则认为，“制定标准、制造硬件、编写代码的人拥有相当程度的控制力量”。然而，莱西格的观点实际上和他们截然不同，他强调指出，和其他人造环境一样，互联网总是对干预代码和重写代码开放的。齐特林（2009：197）告诫我们说：“代码就是法规，商界和政府能联手修改代码。”莱西格借用“牛性”（bovinity）的概念来说明问题：“微小的控制，只要持之以恒，就足以用来驱使体大如牛的动物”（2006：73）。诚然，互联网日常的规制可以用微小的动作来完成，不过，他还是对见树不见林的人进行辛辣的讽刺，面对商业代码圈定互联网所造成的迫在眉睫的危险，这些人无所作为，不予制止。他说，他们的不作为“绝不会产生无规制的后果，而是要受制于最强大的利益集团”（2006：337-38）。开源代码的斗争不亚于争取民主的斗争，不亚于反对国家权力可能被滥用的斗争：“‘开源代码’是开放社会的基础”（2006：153）。

第五节　自由主义思想并没有从地球上消失

“封闭代码”的流通量与日俱增，这是“自由主义失灵”的证据。面对这一态势，有人照旧孤傲地稳坐钓鱼台。莱西格描绘了这种骄傲的态度（2006：337）。但鉴于上几节所述的治理方式的兴起，和政府失灵或市场失败相比，自由主义并不构成什么威胁；自由主义者相信，只要国家不侵犯私人事务，个人自由就能得到最好的保障。的确，在20世纪90年代，巴洛、尼葛洛庞帝等人深信，互联网敌视正式的规制，因为它可能被正式的规制扭曲，但事情的发展证明，这个观点已经过时。然而，强大的自由主义潜流仍然隐藏在有些人的言论中。他们认为，只要不完全废除对互联网的公众监管，对互联网这种自我矫正的有机体实施最低限度的干预，就能得到市场竞争的最好回报。

自由主义之所以有持久的吸引力，还有一个成因：技术决定论有很强的适应力。技术决定论有这样一个观念：互联网的DNA决定了它天生就不和既存的规制体系结盟。广义地说，社会科学里对决定论的批评非常猛烈（如Williams，1974和Webster，2006），但索尼娅·利文斯通（Sonia Livingstone）说得对，"决定论仍然是有关互联网使用的许多公共政策背后的设想"（Livingstone，2010：125）。我们仍然能在以下观念里看到一丝决定论的影子：数字技术促进复制、扩大规模、降低成本，所以有人说，它对实施版权、保护少数和规制内容的传统造成危害。在《卫报》（*Guardian*）一篇题名《模拟式规则手册不能抑制数字媒体的发展》（Digital media cannot be contained by the analogue rulebook）的评论里，艾米莉·贝尔（Emily Bell）说："任何东西一旦被数字化，随着时间的流逝，人控制它、对它收费、规制它或抑制它的能力就以几何级数减少"。（Bell，2009：4）这和莱西格的论点截然不同。莱西格认为，代码能增强或抑制网络行为的具体形式，但绝不会使规制成为不可能的事情。

108

自由主义有着持久吸引力的第二个成因是，新自由主义继续称霸，反国家的妄自尊大和市场经济结合起来，"渗透进宽带的决策"（Sylvain，2010：250）。西尔万认为，20世纪90年代互联网先驱的自由主义思想建基于他所谓的"工程"原理：去集中化、互用性和消费者主权，他们的自由主义思想仍然是许多决策者的驱动力；不过实际上，这些思想"至多不过产生了敬畏工程师、程序师和企业家的管理政策，并没有产生积极的法规本身"（2010：224）。比如，2002年，互联网的奠基人之一、互联网名称与数字地址分配机构的主席温特·瑟夫（Vint Cerf）为国际互联网协会撰写的一篇声明就有很高的征引率。他宣告："互联网是每个人的互联网，但如果政府限制我们使用它，我们就必须忘我工作，使之不受限制、不受约束、不受规制。"（Cerf，2002）曾任谷歌首席执行官的埃里克·施密特几年以后发表的言论异曲同工，他抱怨国家干预对网络世界的冲击尤其是对谷歌的威胁："市场被规制时，原创革新就放慢步伐……更好的解决办法是我们自己进行准确的判断，而我们的判断就是，消费者的利益是我们的指导方针。"（转引自Palmer，2009）

在许多关于互联网的重要辩论中，去规制化与活力、干预和自由主义总是相生相伴。2006年，欧洲政界人士讨论是否要把"非线性"服务纳入欧洲的《电视无国界指令》（Television without Frontiers Directive），英国通信大臣肖恩·伍德沃德（Shaun Woodward）告诫说，监管"范围的拓宽将会造成巨大的规制负担，费用高昂，难以执行……我们不能用限制来抑制增长和革新"（转引自

Freedman，2008：126）。和天空广播公司（BSkyB）的主管詹姆斯·默多克（James Murdoch）上一年的言论相比，伍德沃德的警告算是比较温和的。默多克说："我们生活在一个按需定制服务的世界上，我们亟须承认这一点……为了让消费者享有自主权，我们任重而道远。在这一过程中，我们并不需要更多的控制。"（转引自 Freedman 2008：127）最后，修订后的"指令"（EC，2010）接受了这些意见，推荐的是去规制化程度高得多的按需定制服务，比广播业界迄今维持的规制要少得多。

还有一个棘手的问题，我们也看到了类似的争论，这个问题是：网络是否是中性的，对于互联网供应商在屏蔽、限制或区隔网络内容方面的能力有无监管对策。有些人（包括互联网创建人蒂姆·博纳斯-李）提倡政府干预，以保护无差别的和平等的网络使用权，但许多论者坚持认为，政府对互联网中性的正式保护有违互联网吸引力特有的原则：开放性、消费者自主权和去中心化。比如，拉里·唐斯（2009：128－37）就说，针对互联网中性的立法既难以执行，又起反作用，因为互联网的结构业已建立在中性基础上，中性是互联网的固有特性，不需要强加。而且，大多数互联网的立法都"被置之不理了，因为互联网把监管当做互联网本身的失败，它能绕开问题走"（2009：137）。在《纽约时报》的专栏里，一群杰出的自由主义经济学家甚至赞扬欧洲采取的互联网中性的态度，将其当做不作为的政策的范式："也许，欧洲互联网规制最值得赞许的正是他们在有些领域不作为。他们不针对欧洲的通信公司做强制的规定，不规定定价模式"（Mayo et al.，2010）。从这个角度看，对充满活力的互联网强制实施"粗暴的规定"只能是压制革新、扭曲竞争。

实际上，围绕网络是否中性的辩论，"官方"的意见往往借重法律和经济，没有聚焦于更广阔的理论，常常忽视公共利益和公民权益，尤其没有集中考虑民主问题。决策者把这场辩论简化为简单的"流通管理"问题（Ofcom，2010），试图缩小探讨范围，把如何最好地组织和促进信息、媒介和文化的网络流通的大问题局限在很小的范围内，只关心概念并不明确的透明性、竞争和"开放性"（比如 Genachowski，2010）。在英国，通信大臣艾德·瓦兹伊（Ed Vaizey）对中性化规制的必要性提出异议，其根据是，英国已经有一个竞争性的宽带市场，轻微规制的互联网"有利于经济，有利于国家，有利于人民"（转引自 Halliday，2010）。有人要他澄清自己的言论时，他说，他不排除将来可能的干预，实际上他反对"粗暴的"监管，不准备"设置法规障碍——这是过去 20 年的历史告诉我们的”（转引自 Warman，2010）。

然而在美国，由于美国电话电报公司、威瑞森电信公司（Verizon）的游说，联邦通信委员会通过的规定是掺了水分的，不过，规定毕竟以很小差额的表决通过了（Schatz and Raice，2010）。这些规定免除了对无线设备的监管（无线技术正是将来最可能连接用户与互联网的设备），立即遭到规制支持者比如“网络中立性”（Net Neutrality-lite）（Nichols，2010）的谴责；另一方面，规制反对者如共和党人弗雷德·乌普顿（Fred Upton）则从另一个角度抨击这些规定，说它们“无异于对‘互联网’的攻击”（转引自 Kirchgaessner，2010）。虽然这些规定掺了水分，虽然许多支持者觉得它们不令人满意，但联邦通信委员会最终还是通过了这些规定。这一事实说明，自由主义的思想影响被夸大了。另一方面，共和党人携手一些产业界巨子决心推翻这些规定；这说明亲市场、反国家的意识形态仍然存在。2011 年 1 月，威瑞森电信公司提出上诉，指控联邦通信委员会越权了，*110* 有可能危及美国互联网市场的稳定；这个例子再次说明，在互联网规制的辩论中，自由主义思想仍然发挥着重要的作用。

第六节　治理方式的局限性

无论是否持自由主义的立场，许多互联网行动主义者在一个问题上意见是一致的：自我规制是可取的，非国家级的制度可用于互联网的治理。不仅敌视国家干预的自由市场的热衷者发表这样的意见，而且网络行动主义者也持这样的看法，他们热衷于把内容共享和非专利惯例推广到互联网的规制层面。维基百科的成功、开放源码软件的普及、对等网络的走红——这一切都说明，互联网的确需要偏离传统的自上而下的规制权威，需要走向有更多共识的治理空间比如信息社会世界峰会，以及更加灵活的自我规制和自我治理。上文业已介绍过这样的趋势。

然而，批评者指出了一个重要的问题：诸如此类的做法并没有使互联网摆脱病毒、垃圾、非法内容和安全风险，也没有使之独立于企业的控制或国家的影响。比如齐特林就指出，互联网的能产性、开放性和不可预测性正是容许病毒和恶意软件乘虚而入的属性，它们越来越充斥于网络空间。实际上，由于互联网日益制度化和商业化，一种“恶意代码”（Zittrain，2009：45）出现了，借此发动攻击，可能会产生严重的金融风险。他又说（Zittrain，2009：47）：“经济将永无宁日：病毒成了宝贵的财产，制造病毒的产业兴起，病毒的数量具有重要的意义。”再比如，虽然美国的自我规制系统牢牢扎根，在恶意活动的数量上，美国的排名反而排在最靠前的位置。

对自我规制具体方案的可行性，也有人持批评的态度。据安彭华（2008）的记述，保护网络隐私的努力是普遍令人失望的，试图开发可行性好、受欢迎的内容标签和过滤系统的努力一般也不尽如人意。部分原因是，有效执行的机制太少，另一个原因是，互联网用户五花八门、各色各样。安彭华（2008：311）说，“异质性的解决办法就是制定最低限度的标准，但那会损害自我规制用户的信心。因此，全面来看，互联网自我规制的条件不存在”。关于英国的情况，有这样一种说法：“网络治理和自我规制既普及又成了主导趋势”。理查德·柯林斯（Richard Collins）的判断与此相反（2009：51）。他看到的是这样一个系统：纵向和横向的治理形式共存，自我规制只能对整个系统提供不太稳定的支持。鉴于大多数产业界人士视彼此为对手而不是合作者，鉴于大企业有能力形塑自我规制 *111* 的议程，柯林斯指出，英国“自我规制的治理结构未必很适应长远的公共目标”（2009：57）。在很大程度上，自我规制既难以说清，又是事后反应式的，且受制于企业的利益，所以，自我规制被证明是一个前后不一致的主张：它提倡的是一个强劲的、有竞争力的、公平的系统，却未必能如人意。

奥利维尔·西尔万对自律的批评更加坚持不懈，他把“规则的制定委派给非政府组织”的主张直接与新自由主义的信念挂钩。新自由主义者认为，“畅通无阻的市场竞争总是最有效和客观的裁判，决定着市场竞争者的胜负”（2010：233）。他认为，治理方案常常建立在去中心化、给用户赋权和互用性等工程原理上，未必足以形成具有公共意识的传播政策。莱西格认为，“开放源码”应该预先就排除政府干预；弗卢姆金声称，互联网工程任务组之类的非政府组织依托高水平的话语伦理；西尔万对他们的回应是：这种解决治理问题的技术路径是“站不住脚的”（2010：231），原因有两个。第一，并非互联网社群的每个人都赞同社会生产与合作方法；第二，挑选或实施共同标准的权力的分布是极端不平等的（2010：232）。

对互联网名称与数字地址分配机构（ICANN）的兴起进行分析，就可以证明西尔万的观点。米尔顿·米勒（1999）说，ICANN仅仅是一个工具，使人看不清政府对域名分配过程的全面监管而已。他说，企业界的自我规制是用来“吸引人的标签；更准确地说，自我规制是在幕后为主要的游戏者调停的过程，游戏者既包括私营企业，也包括政府”（1999：506）。然而，局外人更倾向于肯定规制，认为其功能是“公开邀请互联网社群搁置分歧，共同打造新的共识”（1999：506）。这就造成一个双轨的发展过程：一是开放、民主、散漫的路径，二是封闭、不透明的路径，由私营组织比如互联网编号分配机构（Internet Assigned Numbers Authority）和IBM来牵头（1999：506）。米勒认为，这就产生了自组织原理和不负责任的游说之间的矛盾。结果，美国商业部基本上把全球的国家权力交给了ICANN（1999：516）。米勒的结论是，ICANN的建立是既有的经济活动的参与者和资源配置（Mueller，2002：267）吸收联网技术的过程，是企图从根源上控制互联网。互联网名称与数字地址分配机构非但没有反映新形式的共识政治，它反而忠诚于旧的公司制的、等级制的结构，忠诚于恭顺的行为模式。 112

在超国家的层次上，对信息社会世界峰会（WSIS）和互联网治理论坛（IGF）等持批评态度的人（如Raboy，Landry and Shtern，2010），对这些论坛也抱有更同情的心态。在这些论坛上，公民社团和社会运动可以宣称，它们把数字鸿沟、信息的普遍获取和民主治理等问题引进了议程。然而，尽管行动主义者能指出公民社会持续参与的收获，但米勒争辩说，就其核心而言，多重利益相关者主义（multistakeholderism）是过程驱动的，而不是目的驱动的：“虽然它革新民主化参与的问题，但它多半规避国家主权和等级制权力等关键问题”（2010：264）。齐特林赞同米勒的观点说：信息社会世界峰会这类论坛的“结果无非是了无特色共同宣示，之所以能达成一致的最后文件，仅仅是因为参与者的范围限定得比较小”（2009：242）。卡斯特（2009：115）认为，信息社会世界峰会和互联网治理论坛的价值被打了折扣，因为“它们并不针对具体的公司或组织，而是泛泛地针对用户”。它们之所以虚弱，那是因为不能对最强势的参与者所拥有的不平等的议程设置权力展开斗争，因此，它们继续屈从于“资本和国家的双重压力，资本和国家仍然是我们生存压力的主要源头”（2009：116）。

实际上，亲国家的论者往往阐述这样一个观点：国家促进国内和国际的自我规制安排，但丝毫没有因此而退出治理的领域。比如，戈德史密斯和吴修铭就在他们的书里描绘，美国政府如何通过外包许多项目，使互联网的发展达到既定的目标。“美国政府说什么‘自下而上的治理’，但‘互联网共同体’从来就没有放弃对互联网名称与数字地址分配机构或其根基的控制”（2006：169）。詹姆斯·刘易斯提倡国家在规制互联网中发挥作用，以应对国际竞争的挑战；他认为，多重利益相关方的治理结构赋予国家机构亟须的合法性。“许多国家开始宣誓自己对该国赛博空间的控制权。接下来的步骤将是利用技术去实施控制，并建构多边治理结构，使国家的治理行为合法化。”（2010：63）

有一些做法的核心是重建国家对互联网的监控。在一定程度上，创建上述结构的目的是赋予国家监控合法性；这一理念不应该意味着，自治就不能对更多参与性的规制形式做出贡献。但多重利益相关方要双管齐下，既要对程序感兴趣，又要在国内和国际两个层面独立造势，以确定不同于最强大国家和公司的议程，否则它们仍然会被边缘化。与此同时，国家和公民社团的紧张关系仍然存在，在讨论互联网治理社群的作用时，这一紧张关系随处可见。比如，2010 年 12 月，联合国科技促进发展委员会（United Nations Commission on Science and Technology for Development）就建议，互联网治理论坛的工作小组只吸收联合国会员国；这一建议立即遭到公民社会行动主义者的激烈回应，因为他们被排除在外了。他们要求有“一个开放和包容的过程，以确保政府、私人和公民社会有充分而积极参与的机制，让发达国家和发展中国家的政府、私人和公民社会都能参与”（Internet Society，2010）。以上要求是否有人聆听，那要取决于他们能在多大程度上动员他们代表的公众。但无论如何，结果都证明，对解决根深蒂固的国家权力和公司权力造成的问题，多重利益相关方的治理并不具有什么魔力。

113

第七节　互联网规制的私有化？

互联网要么“有监管”，要么“无监管”——这是于事无补的二分法；不仅是因为这样的说法过时（事实上，这样的说法对互联网的演化从来就是不恰当的），还因为它忽略了治理系统的复杂性：互联网的治理系统是市场自由主义、国家监管和共同决策趋势的结合。如此，我们告别了互联网“有监管”和“无监管”两极分化，走向一套有着细微差别的不同规制形式：法规的/自愿的、正式的/非正式的、国家的/超国家的、等级制的/分散的。这些细微差别使我们首先想起“政府的”路径和“非政府的”路径的模糊边界，也使我们想起新的治理形式和传统的传播规制形式在某些方面的延续性。

比如，凯斯·桑斯坦（Cass Sunstein）[1] 曾在《网络共和国》（*Republic. com*）

① 凯斯·桑斯坦（Cass R. Sunstein，1954— ），美国法学家、政治学家，著有《偏颇的宪法》、《信息乌托邦》、《权利的成本》、《网络共和国》、《就事论事》、《行为法律经济学》、《设计民主》等。

一书中呼吁加强网络空间监管，以平衡自由主义者引起的党派之争（Sunstein，2002），自由主义者一片哗然，气恨难消。可是到 2007 年，桑斯坦就完全变调了。接受“沙龙”网站（Salon. com）采访时，他坚持说，新的法律并不需要，因为互联网已经在现存的法律框架中受到严格的规制：“类似非法进入的行为是被禁止的。你不能在网上诽谤人，也不能在网上造假。可见现有的规制已够好”（转引自 Van Heuvelen，2007）。英国法学家雅各布·罗伯滕（Jacob Rowbottom）发现，网上表达有一个变动不羁的等级结构，他认为，小规模的“结社”活动应该有规制；“少数发言者有很大的财力，他们常号令大批的受众。因此，某些类型的网上发言者就成为大众媒介规制的对象。”（2006：501）理查德·柯林斯（2009）说，大量的规制文献误将互联网当做全新的技术环境，不受过往一切压力的影响，误认为互联网“自有其束缚，有别于其他一切电子媒介”（2009：53）。他强调，互联网和传统媒介“相互依存”；考虑互联网规制的各级层次时，他写道，等级系统的“‘阴影’总是在市场和网络治理上方徘徊，决定着诸如此类规制系统代理人的一举一动”（2009：61）。

齐特林、本科勒、莱西格都对这一“阴影”做了详细的描绘：在重新规制传播环境的举措中，等级制的“阴影”无处不在，这些举措都代表公司的利益，意在谋求“利益，强调为信息生产和交换所必需的核心资源的专属权”（Benkler，2006：384）。从 1996 年美国的《联邦通信法》到 2010 年英国的《数字经济法案》，所有法规都旨在更新数字时代的规制，但它们首先是要使互联网圈占的地盘常态化。本科勒认为，这些规制的变化“正在扭曲制度生态，使之有利于基于独有专利权的商务模式和生产习惯”（2006：470）。 114

在美国联邦通信委员会 2010 年 12 月就互联网的中性进行票决的前夕，这种现象尤其明显。据《华尔街日报》披露，威瑞森电信公司和美国电话电报公司等通信企业频繁会晤该委员会的高级官员，“至少”有九次之多（Schatz，2010），以便将要制定的法规对自己有利。事后，媒介活动分子艾米·古德曼（Amy Goodman）报道说，美国电话电报公司“实际上是捉刀人，草拟了委员会主席朱利安·格纳考斯基（Julian Genachowski）推动的法案”（Goodman，2010）。欧盟对暂存文档（cookies）的立法建议与之类似；按照这一规定，用户要“选择性加入”，然后才能把暂存文档存入自己的电脑。网络广告商组建的互动广告局（Interactive Advertising Bureau）的一位代表说，这样的建议“是我们难以与之共存的”（转引自 Sonne and Miller，2010）。经过紧张的游说，欧盟的立法建议被掺了水分，对用户使用暂存文档不再做任何要求，只要求他们做“是或非”的表态。最后，谁也说不清法案究竟应该制定什么规矩，以至于负责这一法规的专员内里·克洛斯（Nellie Kroes）只能建议“对用户友好”的解决办法：互联网产业应该采纳自我规制的指针。

莱西格（2006）提醒我们注意，互联网促使我们重新思考规制权力的源头和范围。与基于代码的规制相比，政府不仅在代表大企业重新进行规制，而且实际上把规制的责任和主动权委派给了私营公司。新自由主义国家并没有退出规制的场地，而是在与企业联手，成了企业的小伙伴，美其名曰“网络化治理”（networked governance）。米勒（2010：7）认为，这种治理指的是，互联网企业“自定政策，自行协商拦截什么、放行什么、认证什么、不认证什么”。这是人们熟悉的自我规制形式，营运的控制交给私营公司，他们在公共权威部门制定的指针下自行决定如何规制。

但这又意味着规制权力的另一种动力机制。如果我们把规制视为建构互联网存取和形塑内容的能力，那么，强大的新规制者就现身了：不仅康卡斯特电信公司（Comcast）、威瑞森电信公司和美国电话电报公司是新的规制者，Facebook、雅虎和谷歌也都是新的规制者。杰弗里·罗森（Jeffrey Rosen）反思网络守门人的重要性，他指出，就网上表达的影响力而言，“谷歌之类的私营企业可以说超过了地球上的任何人”（Rosen，2008）。事实上，是一个小型的法律事务团队在做最后的决定：什么内容适合在谷歌的搜索引擎上流通，什么视频适合在YouTube上流通；这说明，一个相当僵硬的等级制治理形式已在其位。实际上，在罗森看来，“在可预见的未来，自愿的自我规制意味着，谷歌的法律顾问黄安娜（Nicole Wong）及其同事将对全球网络话语拥有无与伦比的权力”（Rosen，2008）。富兰克林指出，这种守门人的权力使人难以区分公共规制形式与私人规制形式。“谷歌管理或控制越来越大的网络空间，受其控制的全球用户越来越多。可以说，在我们大多数人日常所处的赛博空间里，公司权力的影响将与日俱增”。（Franklin，2010：77）

可见，规则的制定不仅分包给了私营企业，还嵌入“规制性”的技术里。齐特林认为，网上的原创表达所遭遇的最直接的危险未必是政府的公开审查，而可能是那些“非能产型”的设备和空间（如SkyPlus电台、Tivo录像机和iPhone手机）对用户范围和连接造成的限制，以及它们控制用户行为的方式（2009：106）。iPhone手机应用和“围墙花园”（walled gardens）这样的接口日益流行，它们不容许信号的调节，这就进一步说明网络环境可能被圈占和“禁锢”。正如齐特林所言，“服务用的应用软件可能被套上了拘束的绳子，重大的规制性入侵得以实施的方式可能是代码的技术性调节，也可能是对服务商的要求”（2009：125）。连小小的技术决策如软件更新、版权保护方案都可能产生深远的规制性后果。

许多人仍然相信社交媒体、合作平台的威力，或者像齐特林那样相信“慷慨大度是社会中庸节制的第一道防线”（2009：246）。他们相信，这样的力量会击败禁锢的威胁。然而，他们可能低估了公司的力量；无论是传统还是新兴的、“官僚体制的”还是“创新型的”、软件的还是硬件的，公司都有力量抵消共享媒介的威胁，或将其融入追求利润的模式中（通常是二者兼有）。我们在上一章看到，新兴网站和公司如雨后春笋、阵容强大，必定有一家会成为“下一个天字第一号”；从美国最大的在线信息服务机构之一 Compuserve 和美国在线（AOL）到聚友网和英国社交网站贝博（Bebo），再到谷歌和 Facebook——万变不离其宗的是“赢者通吃”的市场结构，不变的结构造成了一种需求：在线和离线的资本的极度集中。这就产生了一个重大的也许是新奇的结果：互联网催生了一个新时代，部分原因是互联网的技术特征，部分原因是新自由主义的全球展开；在这个时代里，不仅代码起规制的作用，而且资本的规制力也越来越强大了。

第八节　小结

互联网并非第一种既服务于公共利益又服务于私人利益的系统。此前，广播和报纸促进公共会话的性能也得到了充分的市场开发。然而，互联网特别受制于竞争压力；虽然互联网是由一些公共机构创建的，虽然它仍然靠开放的协议运行，但它的中坚力量和入口是私有的，由私人营运的。对这种二分现象的唯一回应是接受一个既定的趋势：遵循一个预定的技术逻辑，公众与私人（或专利者和非专利者）之间的张力会充分展开。换言之，一切基于信息的革新走一条既定的道路：“从某人的业余爱好到他的产业；从临时应急的玩意到光鲜的生产奇迹；从一个自由获取的渠道变成一个严格控制的大公司或卡特尔。总之，是从开放系统走向封闭系统。这个过程司空见惯，似乎是必然的走势”（Wu，2010：7-8）。吴修铭笔下的这个“周期”和克里斯·安德森笔下的“一条自然的路径：发明——推广——采纳——规制”（Anderson，2010：126）相似。吴修铭所谓的

116

“周期”也颇似黛博拉·斯帕尔（Deborah Spar）描绘的技术发展的四个阶段：革新——商业化——创造性混乱（creative anarchy）——规制的实施”（Spar，2001：11）。技术开发的初期一片混乱，最后的命运是被驯化。

用决定论的观点去解读技术演化有一种危险，那就是：认为规制不是以具体的观点或信念为依托去积极谋求形塑互联网的具体发展，或对互联网的发展做出回应；规制是耸耸肩、对既定事实表示无奈。根据这一视角，我们对“代码的环境灾难泰然处之，对隐私的丧失、过滤软件的审查、公共思想领地的消失无可奈何，仿佛它们是上帝的意志，而不是人祸”（Lessig，2006：338）。但这样的宿命论没有必要：互联网不是精神客体或超验对象，而是一个人造的环境，以许多设计师的愿景和行动为基础。正如米勒所说，互联网的历史不是先定的，其未来要受检验：“预计国家的控制在这个领域会自动消失的人显然是错了，认为必然会回归到国家主导的边界分明、控制严格的互联网的人，显然也错了。没有任何事情是必然要发生的。无论发生什么事情，我们都应顺其自然让其发生”（Mueller，2010：254）。

为了维持并建设互联网为民主服务的可能性，我们需要建立一套坚定的、为公共利益服务的规制，以阻止圈占互联网空间的行为日益发展。并非一切规制都是要禁止某些内容、窥视用户、强制实施版权。饶有趣味的是，互联网开放和去集中化的深层原理受到威胁时，许多评论者——包括那些不情愿接受政府管制的人——都转向国家寻求支持。比如齐特林就说，“人们之间善意的慷慨大度无法解决冲突时”，传统的规制者就需要挺身而出（2009：246）。互联网的创建人蒂姆·博纳斯-李坚持认为，社交网络、专利程序、专用应用软件形成的“围墙花园”和“封闭仓储”（closed silos）构成威胁时，为维护互联网活跃、创新和平等的原理，网络中立性就是必不可少的条件（Berners-Lee 2010）。此时需要的是对规制形式的理解和担当，这不是对企业、政府或精英的恭顺，而是为了防范特殊利益集团扭曲公共利益所必须采取的规制措施。除了担当民主责任、富有充分代表性的国家外，还有什么机构能提供这样的防御机制呢？也许，这样的国家不是我们现有的国家，这样的规制不是我们现有的规制，但毫无疑问，这是我们应该渴望的国家和规制。

参考文献

Anderson，C.（2010）‘The Web Is Dead：Long Live the Internet’，*Wired*，

September.

Ang，P. H.（2008）'International Regulation of Internet Content：Possibilities and Limits'，in W. Drake and E. Wilson III（eds）*Governing Global Electronic Networks：International Perspectives on Policy and Power*，Cambridge，MA：MIT Press，305－30.

Army Counterintelligence Center（2008）'Wikileaks. org-An Online Reference to Foreign Intelligence Services，Insurgents，or Terrorist Groups?'，18 March. Online. Available HTTP：< http：//mirror. wikileaks. info/leak/us-intel-wikileaks. pdf>（accessed 18 January 2011）.

Barlow，J. P.（1996）*A Cyberspace Independence Declaration*，9 February. Online. Available HTTP：<http：//w2. eff. org/Censorship/Internet _ censorship _ bills/barlow _ 0296. declaration>（accessed 13 January 2011）.

Bell，E.（2009）'Digital Media Cannot Be Contained by the Analogue Rulebook'，*Media Guardian*，23 March.

Benkler，Y.（2006）*The Wealth of Networks：How Social Production Transforms Markets and Freedom*，New Haven：Yale University Press.

Berners-Lee，T.（2010）'Long Live the Web：A Call for Continued Open Standards and Neutrality'，*Scientific American*，22 November. Online. Available HTTP：<http：//www. scientific. american. com/article. cfm? id＝long-live-the-web>（accessed 5 January 2011）.

Castells，M.（2001）*The Internet Galaxy：Reflections on the Internet，Business and Society*，Oxford：Oxford University Press.

——（2009）*Communication Power*，Oxford：Oxford University Press.

Cerf，V.（2002）'The Internet Is for Everyone'，*Internet Society*，April. Online. Available HTTP：<http：//www. ietf. org/rfc/rfc3271. txt>（accessed 11 April 2010）.

Collins，R.（2009）*Three Myths of Internet Governance：Making Sense of Networks，Governance and Regulation*，London：Intellect.

Daly，M.（2003）'Governance and Social Policy'，*Journal of Social Policy* 32（1）：113－28.

de Bossey，C.（2005）'Report of the Working Group on Internet Governance', June, 05. 41622. Online. Available HTTP: <www. wgig. org/docs/WGIGREPORT. pdf> (accessed 5 January 2011).

Doctorow, C. (2010) 'Digital Economy Act: This Means War', guardian. co. uk, 16 April. Online. Available HTTP: <http: //www. guardian. co. uk/technology/2010/apr/16/digital-economy-act-cory-doctorow? intcmp=239> (accessed 18 January 2011).

118 Downes, L. (2009) *The Laws of Disruption: Harnessing the New Forces that Govern Life and Business in the Digital Age*, New York: Basic Books.

Dyson, E. (1998) *Release 2.1: A Design for Living in the Digital Age*, London: Penguin.

European Commission (EC) (2010) 'Audiovisual Media Services Directive (2010/13/EU)', *Official Journal of the European Union*, 15 April, Brussels: EC.

Falque-Pierrotin, I. and Baup, L. (2007) 'Forum des droit sur l'internet: An Example from France', in C. Moller and A. Amouroux (eds) *Governing the Internet: Freedom and Regulation in the OSCE Region*, Vienna: OSCE, 163-78.

Federal Communications Commission (FCC) (2005) *Internet Policy Statement*, FCC 05-151. Washington, DC: FCC.

Foucault, M. (1977) *Discipline and Punish*, London: Allen Lane.

Franklin, M. I. (2009) 'Who's Who in the "Internet Governance Wars": Hail the "Phantom Menace"?' *International Studies Review* 11: 221-26.

—— (2010) 'Digital Dilemmas: Transnational Politics in the Twenty-First Century', *Brown Journal of World Affairs* 16 (2), Spring/Summer: 67-85.

Freedman, D. (2008) *The Politics of Media Policy*, Cambridge: Polity.

Friedman, T. (2000) *The Lexus and the Olive Tree*, London: Harper Collins.

Froomkin, A. M. (2003) 'Habermas@Discourse. Net: Towards a Critical Theory of Cyberspace', *Harvard Law Review* 116 (3), January: 749-873.

Genachowski. J. (2010) 'Remarks on Preserving Internet Freedom and Openness', Washington, DC, 1 December. Online. Available HTTP: < http: //

www. openinternet. gov/speech-remarks-on-preserving-internet-freedom-and-openness. html>（accessed 5 January 2011）.

Gilmore，J.（1993）John Gilmore's home page. Online. Available HTTP：<http://www. toad. com/gnu/>（accessed 15 January 2011）.

Goldsmith，J. and Wu，T.（2006）*Who Controls the Internet? Illusions of a Borderless World*，Oxford：Oxford University Press.

Goodman，A.（2010）'President Obama's Christmas Gift to AT&T（and Comcast and Verizon）'，*truthdig*，21 December. Online. Available HTTP：<http：//www. truthdig. com/report/item/president _ obamas _ christmas _ gift _ to _ att _ and _ comcast _ and _ verizon _ 20101221/>（accessed 5 January 2011）.

Halliday，J.（2010）'ISPs Should Be Free to Abandon Net Neutrality，Says Ed Vaizey'，guardian. co. uk，17 November. Online. Available HTTP：<http：//www. guardian. co. uk/technology/2010/nov/17/net-neutrality-ed-vaizey >（accessed 19 November 2010）.

Hals，T.（2010）'WikiLeaks Shows Reach and Limits of Internet Speech'，Reuters，9 December. Online. Available HTTP：<http：//www. reuters. com/article/idUSTRE6B85I420101209>（accessed 21 January 2011）.

IFEX（2010）'News Media and Websites Censored and Blocked for Carrying Leaked Cables'，20 December. Online. Available HTTP：<http：//www. ifex. org/international/ 2010/12/20/news _ websites _ censored/>（accessed 21 January 2011）.

Internet Society（2010）Letter to Commission on Science and Technology for Development，n. d. Online. Available HTTP：<http：//isoc. org/wp/newsletter/files/2010/12/IGF-Working-Group-Decision1. pdf>（accesssed 20 January 2011）.

Johnson，D. R. and Post，D. G.（1996）'Law and Borders：The Rise of Law in Cyberspace'，*Stanford Law Review* 48（5）：1367－1402.

Kelly，K.（1995）*Out of Control：The New Biology of Machines*，London：Fourth Estate.

Kirchgaessner，S.（2010）'Internet Rules Stir Republicans'，FT. com，2 December. Online. Available HTTP：<www. ft. com/cms/s/0/2df10252-fe57-11df-abac-00144feab49a. html>（accessed 5 January 2011）.

119

Lessig, L. (2006) *Code 2.0*, New York: Basic Books.

Lewis, J. (2010) 'Sovereignty and the Role of Government in Cyberspace', *Brown Journal of World Affairs* 16 (2), Spring/Summer: 55 - 65.

Livingstone, S. (2010) 'Interactive, Engaging but Unequal: Critical Conclusions from Internet Studies', in J. Curran (ed.) *Mass Media and Society*, London: Bloomsbury, 122 - 42.

McQuail, D. (2005) *Mass Communication Theory*, 5th edn, London: Sage.

Mayo, J. et al. (2010) 'How to Regulate the Internet Tap', *New York Times*, 21 April. Online. Available HTTP: ＜www.nytimes.com/2010/04/21/opinion/21mayo.html＞ (accessed 27 April 2010).

Mueller, M. (1999) 'ICANN and Internet Governance: Sorting through the Debris of "Self-regulation"', *Info: The Journal of Policy, Regulation and Strategy for Telecommunications, Information and Media* 1 (6), December: 497 - 520.

—— (2002) *Ruling the Root: Internet Governance and the Taming of Cyberspace*, Cambridge, MA: MIT Press.

—— (2010) *Networks and States: The Global Politics of Internet Governance*, Cambridge, MA: MIT Press.

Negroponte, N. (1996) *Being Digital*, London: Coronet.

Nichols, J. (2010) 'In a Year of Deep Disappointments, the Deepest: Obama Pledged to Protect Internet Freedom; but His FCC Put It at Risk', *The Nation*, 31 December. Online. Available HTTP: ＜http://www.thenation.com/blog/157255/year-deep-disappointments-deepest-obama-pledged-protect-internet-freedom-his-fcc-put-it-＞ (accessed 5 January 2011).

OECD (2010) 'The Role of Internet Intermediaries in Advancing Public Policy Objectives', 16 June. Online. Available HTTP: ＜www.oecd.org/sti/ict/intermediaries＞ (accessed 5 January 2011).

Ofcom (2010) *Traffic Management and 'Net Neutrality'*, discussion document, 24 June, London: Ofcom.

Ohame, K. (1995) *The End of the Nation State*, London: Harper Collins.

ÓSiochrú, S., Girard, B. and Mahan, A. (2002) *Global Media Governance: A Beginner's Guide*, Lanham, MD: Rowman & Littlefield.

Palmer, M. (2009) 'Google Tries to Avoid the Regulatory Noose', FT. com, 21 May, Online. Available HTTP: <http://www.ft.com/cms/s/0/cd5cf33c-452b-11de-b6c8-00144feabdc0.html#axzz1BIIP4ZGT> (accessed15 January 2011).

Raboy, M., Landry, N. and Shtern, J. (2010) *Digital Solidarities, Communication Policy and Multi-stakeholder Global Governance: The Legacy of the World Summit on the Information Society*, New York: Peter Lang.

Robbins, P. (2009) Comments to the Westminster eForurm, 'Taming the Wild Web?' -Online Content Regulation, 11 February. London: Westminster eForum.

Rosen, J. (2008) 'Google's Gatekeepers', *New York Times*, 30 November. Online. Available HTTP: <http://www.nytimes.com/2008/11/30/magazine/30google-t.html> (accessed 2 December 2008).

Rowbottom, J. (2006) 'Media Freedom and Political Debate in the Digital Era', *Modern Law Review* 69 (4), July: 489 - 513.

Schatz, A. (2010) 'Lobbying War over Net Heats Up', WSJ. com, 10 December. Online. Available HTTP: <http://online.wsj.com/.../SB10001424052748704720804576009713669482024.html> (accessed 5 January 2011).

Schatz, A. and Raice, S. (2010) 'Internet Gets New Rules of the Road', *Wall Street Journal*, 22 December.

Sonne, P. and Miller, J. (2010) 'EU Chews on Web Cookies', WSJ. com, 22 November. Online. Available HTTP: <http://online.wsj.com/.../SB10001424052748704444304575628610624607130.html> (accessed 5 January 2011).

120

Spar, D. (2001) *Ruling the Waves: Cycles of Discovery, Chaos, and Wealth from the Compass to the Internet*, New York: Harcourt.

Sunstein, C. (2002) *Republic. com*, Princeton: Princeton University Press.

Sylvain, O. (2010) 'Internet Governance and Democratic Legitimacy', *Federal Communications Law Journal* 62 (2): 205 - 73.

Tambini, D., Leonardi, D. and Marsden, C. (2007) *Codifying Cyber-*

space：*Communications Self-regulation in the Age of Internet Convergence*，New York：Routledge.

Van Heuvelen，B.（2007）'The Internet is Making Us Stupid'，salon. com，7 November. Online. Available HTTP：<http：//www. salon. com/news/feature/2007/11/07/sunstein>（accessed 5 January 2011）.

Warman，M.（2010）'Ed Vaizey：My overriding Priority Is an Open Internet'，telegraph. co. uk，20 November. Online. Available HTTP：<http：//www. telegraph. co. uk/technology/internet/8147661/Ed-Vaizey-My-overriding-priority-is-an-open-internet. html>（accessed 5 January 2011）.

Webster，F.（2006）*Theories of the Information Society*，3rd edn，London：Routledge.

Williams，R.（1974）*Television*：*Technology and Cultural Form*，London：Fontana.

Wu，T.（2010）*The Master Switch*：*The Rise and Fall of Information Empires*，New York：Knopf.

Zittrain，J.（2009）*The Future of the Internet*，London：Penguin.

第三部分

互联网与权力

第五章 互联网与社会化网络

娜塔莉·芬顿

社交网站的发展和流行蔚为壮观。2011 年，Facebook 是仅次于谷歌的全世界最流行的网站，而且，它是在令人惊叹的短时间内上升到了这个老二的地位（http：//www. hitwise. co. uk）。尼尔森的研究（2010）显示，人们上网的时间有 22%用在社交网站上。其他的研究报告显示，全球人均每天花在 Facebook 上的时间为 25 分钟，花在新闻网站上的时间只有 5 分钟（www. alexa. com，2009 年 9 月）。2010 年，Facebook 有 5 亿多用户——占世界人口的十三分之一——其中一半的人每天上这个网站（http：//www. onlineschools. org/blog/facebook-obsession/，2001 年 4 月）。社交网站在年轻人中更流行，大约 48%的 18 岁至 34 岁的人一醒过来就检查 Facebook 上的信息，28%的人未起床就上 Facebook。此类网站大受欢迎，吸引用户花费大量时间，促进了用户积极的产出，其特点是高水平的互动；这一切都促使媒介理论家重新思考大众传播的传统语境，使他们重新考虑关于生产、文本和接收（三者在过去常常是分离的）的种种传统。在这种新的传播语境中，受众被描绘成了“制造型使用者”（prod-user）（Bruns，2008）或“生产型消费者”（prosumer）（Tapscott and Williams，2008：124－50），以解释大量网上活动所具有的创新和互动性质。 123

数字媒体尤其互联网正在改变我们搜集信息、互相交往的手段，正通过创造性的产出影响着我们搜集信息、互相交往的习惯。从使用信息的角度说，互联网显然有影响“普通”公民和弱势的社会群体和政治群体的潜能，因为互联网用户能自由获取日益增多的信息和专业知识，凡是能想到的领域都有信息和专业知识供他们自由使用（Bimber，2002）。从信息传播的角度来说，YouTube 之类的视频共享网站和聚友网之类的主页制作网站在几年之内就拥有了数十亿的用户，很大程度上靠“口口相传”达到了这样的效果，换言之，至少是通过网上数以百万计的社交事件而得到了这样的效果。在笔者落笔的此刻，Facebook 有 5 亿活跃的 124 用户；他们与人联系，分享思想，组建小组，讨论关心的事，和有着共同兴趣爱好的人“会师”。Twitter 有一亿多活跃用户（2011 年 12 月）；他们与人联系，追寻他人的思想，每条推文不超过 140 字。每天 Twitter 发出的推文共有 2.5 亿篇，每条推文都试图获得信息的重新排序，或某些题材先后顺序的重新安排（Infographic，2010）。

有人声称，社交网站捣毁了传统公共和私密传播领域的藩篱，把权力交给用户，使私密关怀变得公开化，使官方政治和制度领域更容易受公民的监督（Papacharissi，2009）。如此，社会化网络（social networking）展现出一种“民治”、“民享”的传播手段（Rheingold，2002；Gillmor，2004；Beckett，2008；Shirky，2008）。这些理论家对社交网站提出正面的解释，将其称为人对人的媒介或大众的自我传播媒介（Castells，2009），新的社交网站既支持先前已有的社交网站的功能，又帮助陌生人建立联系，分享共同的兴趣、政治观点或活动。如此，社交网站被誉为新奇、普及和交流的媒介。

另一方面，有人建议对社交网站进行更具批判色彩的评估；他们认为，这种公开展示的传播形式和内容只不过是将“日常的我”（daily me）不断更新而已（Sunstein，2007）；而“日常的我”使公共问题拥有个人色彩，却失去了政治色彩。这样的传播为公司提供在线营销以及个人隐私的数据，只不过是进一步加重了不平等；这个反民主的转向导致了公民个人主义（civic privatism）的反弹。这种观点从政治经济学角度出发，提醒我们注意：互联网并未超越全球资本主义，而是深深地卷入其中，因为它支持公司的利益，支持资本主义和新自由主义的话语，而互联网用户正是浸淫在这样的话语中（见本书第四章）。就此，有人声称，在中介形式上，社会化网络进一步铭刻上了新自由主义的自我生产方式。换言之，在发达的西方民主社会里，社交媒体存在于既有的社会经济语境，将嵌入了技术发展的个性化推向前台，而这样的技术发展又促进无所不在的传播和随时联网的存在，所以，社交网站被认为是新自由主义意识形态的延伸，而不是与新自由主义展开竞争。

围绕新技术（无论是广播、电视还是计算机）的辩论总是陷入毫无结果的二元对立框架，一边是乐观主义者，另一边是悲观主义者。分开来看，就其与技术的关系或者与政治经济因素的关系而言，这两条路径都是还原主义的，都不能充分理解它们所依托的传播形式。结果，两条路径都误解了媒体（在此是数字媒体）的性质，误解了它们对当代社会政治生活形貌的影响，从而误解了社会政治的性质，误解了社会政治中复杂的权力关系。这种误解的根源是媒介中心主义

125

(media centrism)，因为媒介中心主义抗拒社会政治生活深刻而关键的语境化。正如库尔德利（Couldry，2003）所示，一旦任何形式的媒介以社会中心的相貌现身，一旦我们将其当做组织生活的方向，并以此给自己的日常仪式和习惯定向，我们就可能身陷危险，成为“媒介中心神话”（myth of mediated centre）的猎物（2003：47）。这一神话不仅凸显媒介的重要地位，而且暗示“身在媒介中”（in the media）的重要性，以及能把自己的信息传递给他人的重要性——无论是为了金钱、政治还是社会利益。你的权势越大，就越能把自己的信息传递给他人。互联网和社会化网络把这一观点推进一步，数以百万计的社交网站用户栖居在一个有中介的世界里，这个世界可能给你提供比传统媒介更大的控制力，它是移动的、互动的，可能拥有无穷的创造潜力，但这一切都是神话。互联网和社交媒体号称无所不在，强调随时聆听、随时上网至关重要。这个神话在社会生活中传播，使新自由主义社会的主流价值的再生产变得朦朦胧胧。

一旦认识到这一神话的局限，我们就能理解各种衍生的媒介理论，尤其能将生产者/消费者划分的失衡放进更广阔和深刻的语境，而不仅仅是承认并考虑交流生活（communicational life）的意义，同时也不再迷信使交流生活成为可能的媒介形式。在抵制被神话了的媒介中心主义时，我们受到激励去重新思考结构和机构的关系、政治经济路径和强调个人建构能力的路径之间的关系，重新思考主体性和身份相关性的意义。在这个批判的语境框架中，我们需要理解中介性及其与社会文化习俗的关系。在本章的其余部分，笔者对四种主要的观点做一些批判性思考，试图将互联网与社会化网络置于这个神话的中心来考察。

第一节　社交媒体是受交流引导的，而不是受信息驱动的

社会化网络通过有机网络运行。每一个用户都邀请别人加入其所在的社群，应邀的对象可能是个人或群体，应邀的对象又受到鼓励把邀请传递给自己的网友。如此，社交网络能以极快的速度膨胀（如 Haythornthwaite，2005）。正如帕帕卡利西（Papacharissi，2010）所言，社交媒体被赋予了很强大的功能，它们能加强亲友的联系，还能使人们和点头之交的人建立更进一步的关系（Ellison，Steinfield and Lampe，2007）。无疑，数字自我传播已成为许多人日常生活的一部分。社交媒体为日常生活提供信息，为其加上抑扬顿挫的标点符号，成为其栖居的场所。我们在 Flickr 上传照片，在 YouTube 上讨论最新的电影，在 Twitter 上

126

发布信息引起他人注意，此时，我们意识到自己正在参与外面世界里发生的事情；我们不需要他人告诉自己做什么，也不需要通过线性的信息去思考，我们径直参与到数字社会传播的脉动网络之中。

这不是直接的互动，也不是简单的参与，而是参与复杂的传播行为，抱有复杂的目的，这种目的可能是个人的或公共的，也可能是社会的、政治的或文化的（Papacharissi，2010）。Facebook之类的社交网站仅仅是社交媒体多面体形象的一个方面，这是一点击就可以连接的过程，你可以连接一个新的网站、一段YouTube视频、一篇博客、一篇Twitter的推文；你可以通过联网的手机从社交网站发送信息；你彻底汇聚到靠媒介交往的经验之中。这是一种基于参与感的交流经验，使人产生一种所有权的感觉，并通过对网络协议和行为的共识，由此带来了情感的投入（Donath，2007）。参与交流是首要的动机，目的是在任何地点、任何时候、以任何方式靠发送者的指令表达自我。显然，传播不仅仅是简单的传播行为，传播的欲望和信息的需求常常交叠。但在社会化网络中，连通的需求，立刻连通的感觉，对互动形式、表达手段和推销自我的控制，越来越重要了。

这与许多人对社交媒体的了解，以及他们使用社交媒体的习惯产生了共鸣，传播的情感维度因此而凸显；对我们了解当代媒介使用的经验来说，情感的维度是至关重要的。这是一种受交流引导的媒介形式，而不是受信息驱动的媒介形式，它突出的是互动和参与的心理动机和个人动机，为公众消费的媒介内容的政治色彩则退居其次。认为社交媒体首先是一种连通的交流形式，这一点是有关社交媒体的早期论述的主要特色。其性质是社交的，始于个人与他人交流的欲望，所以，它赋予交流者一定程度上的自主性。据说，社交程度的提高能产生新的理解，因为我们接触到更多的观点，受到鼓励到诸多网络中去自由交流。据说，用户自主能力因此而提高，其权力和控制水平也相应提高。但我们应该记住，人们很少把改善民主放在议程之首，为娱乐而上网的目的遥遥领先，获取信息的目的则退居其次（Althaus and Tewksbury，2000；Shah，Kwak and Holbert，2001）。但承认社交媒体情感投入的深度并不意味着，这种社交的政治经济语境的重要性就因此而贬值。

127

换言之，交流的欲望和动机就是需要与他人联系；我们应该承认，这是社交网络重要的一面，也是其大获全胜的重要原因。然而，当我们强调这样的欲望和动机时，不应该掉入另一个陷阱：贬低“谁对谁传播什么内容”的重要性。考虑谁在交流是一种令人清醒的操练。参与者对社交媒体的使用非常不平衡，大量的内容是由少数人主导的。哈佛商学院最近的一项调查（Heil and Piskorski，2009）发现，10%的Twitter用户生产了90%的内容，大多数用户只发过一条推文。最热门的10%的博文由名人或CNN之类的主流媒体主导。其他最新的统计数字（Infographic，2010）显示，97%的Twitter用户的“粉丝”数量还不到100人，而布兰妮·斯皮尔斯（Britney Spears）的“粉丝”竟多达470万。看来，社交媒体仍然是少数人的专属领地。

如果考察社交媒体用户交流的内容，就会发现，自我表达的手段见于精心控制的自我印象中，而自我表达是围绕阶级属性建构的（Papacharissi，2002a；2002b；2009）。这样的研究显示，社交媒体非但没有拓宽我们交流的范围，没有加深我们的理解，反而强化了既成的社会等级和封闭的社会群体。再者，有人还说，社交网站预先就决定了网上交流的内容，它们将消费置于优先地位，友情或社群的建构倒退居其次，正如马威克（Marwick，2005）所言：

> 首先，个人资料死板的结构预先就决定了用户展现自己的方式；一般来说，这是一张申请表的格式，不是由用户决定的……其次，个人资料的结构方式不是中性的；相反，权力以多种方式嵌入了申请的过程。一般地说，用户被描绘的形象不是公民，而是消费者……申请表的各项栏目鼓励人用自己消费的娱乐产品给自己画像：喜欢的音乐、电影、图书、电视节目……用户不仅被当做消费者，而且受到鼓励去消费他人的个人资料，这种交流使社会资本优先，友情或社群的建构倒退居其次。用商务词语说，“联网”是目标取向的过程；在此，人的社会圈子持续扩大，以便联系尽可能多的人，目的是获取商业利益。再者，社交网站的固有属性是排除世界人口中的某些部分。比如大多数社交网站接受的是美国人的申请，吸引的是美国用户。
>
> （Marwick，2005：9－11）

卡斯特（2009）认为，互联网由两股势力的冲突造就。一方面，全球的多媒体商务网力图使互联网商业化，另一方面，“富有创新力的受众”试图在一定程度上让公民控制网络，他们宣称自己有权自由传播，不受公司的控制或干预。他描绘大公司如何 *128*

> 千方百计使基于互联网的大众自我传播重新商品化。它们在用多种手段进行试验：广告支持的网站、付费网站、自由流通的视频网站和付费门户网站……Web 2.0技术使消费者能生产和流通自己的内容。这些技术大获全

胜，促使媒介机构利用传统消费者的生产能力。

(Castells，2009：97)

社交媒体的功能是使多元化和多样性的声音存在，而且，其传播方式使用户获得前所未有的自主性。这常常被认为是生产型消费者生产力的核心要素。但我们在网上的活动都留下了数字足迹，而这些印记是可以追踪、分析和商品化的。如此，社交媒体造就信息密集的母体，集中化增加，商品化加重（Fuchs，2009a)。

顺着这一思路，卡斯特（2009）对全球性的多媒体巨头进行经济批评，这些巨头有：苹果、贝塔斯曼、CBS、迪士尼、谷歌、微软、NBC环球影业、新闻集团、时代华纳和雅虎。他揭露，这些全球巨头"利用多样化平台、定制服务、受众分割和协同经济，使经济集中化加重"（Fuchs，2009a：97）。他认识到，互联网用户的创新力是由全球大公司媒体和网络营运商日益增长的集中化和整合化形塑的，创新力因此而受到控制和局限。热沃朗（Geveran，2009）也指出，社会营销成了互联网最新的广告趋势之一。Facebook或聚友网的营销员能用普通消费者的名义发出个人化的信息，向消费者的朋友推销。这些信息披露了消费者网上浏览和购物的模式，以暗示的赞同为特色，所以它们引起人们的担忧，他们担心个人资料被泄露，担心信息的质量差，还担心个人是否有能力避免个人身份被商家利用。

自主的观念历史悠久，常常与抵抗的行为有关，和超越意识形态的能力挂钩，和"做你自己"的能力相关。卡斯托里亚迪斯（Castoriadis，1991）曾对个人的自主、社会的自主（通过参与的平等来实现）和作为政治主体性（使想象力得以解放）的自主加以区别，注意这一区分颇为有用。在他对自主性的批判中，卡斯托里亚迪斯将自主性分为新自由主义的资本主义体制里的自主性（个人的自主），与之相对的是挑战体制的自主性（社会性自主），以及超越体制的自主性（凭借政治主体性来实现）。当然，这些理论区分是有用的，这有助于我们拷问自主为何物，但在日常生活中，由于聚合媒介（converged media）的帮助，我们不妨同时对三种自主性进行研究。如此，笔者可以上社交网站去评论新的名人八卦，同时又为结束儿童贫困在网上点击请愿，还可以更新博客，让人知道笔者自己刚刚做了什么事、想如何使世界更美好。帕帕卡利西（2010）和福克斯（2009a）都表明，这和哈贝马斯（1996）的"共为基原"（co-originality）异曲同工，他所理解的共为基原是"个人自主和公共自主的同源"（1996：104）——虽

129

然个人自主和公共自主可能会对立，但就内在属性而言，它们是互相联系的，“是彼此存在的预设条件”（Habermas，1996：417）。换句话说，自主性承认任何形式的自主性所处的深层语境，谋求理解与其相关的各种表现。实际上，通过使用交流引导的媒介而实现的自主性可能只不过是对个性化的积极背书，只不过是新自由主义路径的延伸而已：这条路径使自我优先，谋求以多种方式推销自我、复制自我，唯一的目的是使自我获利。

卡斯特（2009）本人的经验研究结果显示，数字公民完全没有摆脱资本的控制而独立自主。福克斯（2009b：95）指出，“在数字公民访问的大量平台上，他们的个人资料里的习惯行为被贮存起来进行评估，以便用精准的广告赢利。实际上，互联网用户构成了一种‘受众商品’（audience commodity）（Smythe，1994)，他们用谷歌搜索数据，在 YouTube 上传视频、观看视频，在 Flickr 上传照片、浏览照片，在聚友网或 Facebook 之类的社交网平台上交友、交流或聊天，他们都是‘受众商品’的构造成分，都被出售给广告商了。互联网的受众商品和传统大众媒介的受众商品的区别在于，互联网用户同时又是内容的生产者”。“用户生成的内容”是一个包罗万象的大口袋，囊括了网上无穷无尽的创造活动、交流、社群建设和内容生产。但“用户生成的内容”这个说法并不能规避一个事实：互联网用户的活动被商品化了，我们在第四章已对此做了论述。事实上，由于我们的日常习惯和生活越来越多地数字化了，我们已经被充分而深刻地商品化了。福克斯（2009b：31）还指出，网民在网上花费的很多时间里，都在“为谷歌、新闻集团、雅虎之类的公司制造利润。网络广告常常很个性化——个性化之所以可能，那是因为借助计算机和数据库，大公司能跟踪、储存和评估用户的活动，能使用他们的个人资料”。在这种语境下，受众变成的生产者并不是民主化进程的标志，并不能说明媒介正在走向名副其实参与型体制。无疑，受众到生产者的身份变化并不能使互联网用户获得摆脱资本的自主性，相反，人们在网上的创造性活动被深深地商品化了。

齐特林（2009）也担心出现这样一种变化：个人不能控制技术环境；大公司和商家秘密地携手控制个人，以谋求利润、维护品牌。与此同时，大环境也受到国家的规制。我们创造性自主的个人空间逐渐被商家关进囚笼，成了商业交易的空间（Fuchs，2009b）。从这个角度来看，曾被人讴歌为革命的参与性和自主性也可能是另一番景象：在参与和自主的过程中，消费者的个人资料也随之自动生成了（Hamelink，2000；Turrow，2001）。 130

第二节　通过多样性和多中心，社交媒体容许或鼓励协商问题和发表异见

通过社交媒体，交流的重点转向交流本身，并转向交流发生的多种方式；这一转变正好说明前文探讨的社会关系的多样化。还有人声称，社交媒体使人们商议问题和发表异见的空间增加，有助于推进民主。这个观点肯定信息摆脱了从一点到多点发布信息的大众传播系统的羁绊，变得丰足。

研究网上讨论时，有学者认为，网上交流为持有各种不同意见和信念的人提供了多种论辩的网站，有助于我们拓宽视野、增进理解。霍尔特（Holt，2004）说，互联网能联合背景殊异的人，有助于形成公民舞台上的辩论和讨论，潜力很大。还有一些研究显示，网上的政治讨论使人接触思想不同的参与者（Brundidge，2006）。然而，虽然互联网有潜力使对立阵营的人在同一空间里相聚，使他们接触不同的观点，另有一些证据却显示，如果换一个角度看，冤家相聚的一幕并没有发生。我们发现，互联网的结构特别有利于人们有选择地接触媒介内容（Bimber and Davis，2003）。聚友网和好友网（Friendster）这两种社交媒体小心地展示出独特的文化品位和参照点，清楚地表明它们和特定文化的关系，显示出对某些群体的忠诚（Liu，2007）。还有一些证据表明，有选择的接触还发生在政治讨论中，并可能导致政治观点上的两极分化。比如有学者指出，虚拟社群在价值和观点上相当同质化（Dahlberg and Siapera，2007），网上讨论的参与者常常有类似的政治视角（Wilhelm，1999）。对社交网站的用户来说，属于某些网站而不属于另一些网站的身份使人觉得，这样的身份能传达特定的社会地位（Papacharissi，2009）。

又有人说，信息的多样性或丰富性有可能产生误导的信息，反而使人难以了解事实（Patterson，2010），因为人们消费新闻的日常习惯已然变化。人们再也不必每天在固定的时间坐在电视机前看新闻，也不必一边吃早餐一边看报纸。相反，新闻已经变成了快餐。然而，还有许许多多其他诱人的快餐供我们享用，所以“健康的”新闻快餐很快被直接满足口味的娱乐快餐取而代之。更令人忧心的是，帕特森（Patterson）发现了这样一个模式：在精挑细选的媒介环境里，掌握信息不太多的人挑选的是娱乐，相反，信息灵通的人包括对新闻上瘾的人挑选的是新闻，于是两者之间就出现知识的不平等。帕特森（Patterson，2010：20）还

131

认为，速度“使感觉增加，知识减少”，他又指出，60%的人经常读报，每天读报所花的时间至少有半个小时，其余40%的人只在网上浏览报纸。

在社交媒体这个世界里，类别的边界模糊，难以区分，这就为新闻和信息提出了一些重大问题。你如何把事实与噪声，日益增多的评说、意见和宣传区别开来呢？虽然事实嵌入了特定的语境并被问题化了，但事实毕竟是事实。在“信息周刊”网站（InformationWeek）的专栏中，亚历山大·沃尔夫（Alexander Wolfe）探讨了实时的公民新闻（citizen journalism）涉及的问题及其声势浩大的影响：

> 实际上，Twitter中提到“孟买”的推文会数量之大似乎就无助于你形成这样一个概念：其中会有有价值的东西。浏览前100个页面的推文会把你带回几个小时前；若浏览11月25日、27日和28日的推文，你找不到任何实实在在的有用信息。

另一个论点刚好相反：网上的受众提供的内容很多，使新闻记者看到一个更广阔的世界，使他们与更广阔的新闻源头建立联系，最终将使新闻产品民主化。但翁布林（Örnebring，2008：783）发现，即使社交媒体的受众内容被用来写新闻报道，通常那也仅限于非常狭窄的一些领域：“总体印象是，网络用户多半能生成通俗文化导向的内容和个人日常生活导向的内容，而不是新闻/信息内容。”

卡内基信托基金（Carnegie Trust）在英国赞助的研究（2010）发现，有证据表明，公众的议事场所正在减少，不同意见被边缘化；缺乏权利或自信去表达忧虑的人和持非主流意见的人身上，这种被边缘化的趋势尤其明显。尽管网络中介的空间在扩大，媒介平台在倍增，尽管有人说网络传播具有互动性、高速度和国际性，公共领域缩减的趋势似乎正在发生。

多中心的观点认为，在人人都能办网站的环境里，权利更加广泛地平摊开来。这个观点也不是无懈可击的，因为社会精英和政治精英掌握着更多的文化资本和经济资本，能够使社交媒体对自己有利。一旦某种形式的技术被视为有用，能传递信息，能使人建立联系；一旦有人发现，这种技术尤其有助于他们与那些不关心自己信息的人建立联系，政治精英就会千方百计利用它为自己谋利；这是必然的结果。于是，政界领袖的视频上传到YouTube，资深政客在履行职务的同时每天更新Twitter。2008年12月30日，以色列驻纽约总领事把Twitter当做实时新闻发布会的讲台，由领事馆的媒体和公共事务官大卫·萨朗加（David 132

Saranga）发布和评论推文，回答有关中东局势、以色列和加沙的关系以及与之相关的政党的问题。人们将问题以推文的形式发到领事馆的 Twitter 账号@IsraelConsulate，萨朗加尽力在 140 个词的篇幅内回答问题；至于长篇的回答，则发布在领事馆的博客 Israel Politik blog 上。有人问领事馆为何选择 Twitter，领事馆回答说，他们发现 Twitter 上有些人的信息不可靠，所以领事馆觉得应当在 Twitter 上发布官方声音。如今，在 Twitter 上发布信息已是习以为常了。

大选前后，奥巴马的 Twitter 账号每分钟更新一次，介绍候任总统的生活与活动。其他总统候选人也紧跟潮流。如今，他们继续用博客、Twitter 和其他微博工具向公众传递信息；这就造成了新一代的"透明"政客。与此相似，有人说，和其他融合媒介一样，作为大众媒介的互联网也在复制同样的控制和功能，也有同样的商业关怀（Margolis，Resnick and Tu，1997；McChesney，1996），借以复制内容的同质性，而不是挑战现存的结构。

沿这条路径的研究（如 Agre，2002；Hindman，2009）显示，社交媒体并没有通过多样性和多中心而释放出它们所谓的解放潜能。相反，浪漫化的怀旧情绪和未来参与常常强制人接受一些误导的语言和期望，使人误解互联网中介作用下的当下的情况。安德烈耶维奇（Andrejevic，2008：612）更加尖锐地指出，"互动性颠覆力量的胜利促成了所谓的'大众社会的压制性假设'"；即使这一假说刺激了消费者劳动的生产力，它对革命的贡献也仅仅是口惠而已。

当然，这并不能瓦解社交媒体的潜能：在威权主义政权或发展中的民主制度里，它可以用来表达抗争。在发达的资本主义和新自由主义的民主国家里，掌握自己命运的需求是一回事；在压迫性政权下宣称有掌握自己命运的需求完全是另一回事，在那里，信息难以获取，表达个人的政治主见也有危险。在那样的国家里，社交媒体的使用显然能使被压迫者的声音被人听到。2005 年 2 月，在国王宣布戒严后，尼泊尔政府切断了互联网链接，虽然关闭的时间并不长。此间，许多有技术创新能力的人能用社交媒体获得一些信息。2007 年，缅甸政府切断了互联网的国内外链接；来自国外的支持气势如虹、席卷全国，缅甸人用社交媒体尤其是博客、Twitter 和 Flickr 把新闻和信息送出去，形成了一种互联网和社交媒体的地下网络（见本书第六章）。与此相似，在 2011 年的埃及，抗议者用 Facebook 和 Twitter 之类的社交媒体聚集力量，以参加示威游行，把革命的新闻传遍世界。埃及当局关闭互联网后，Twitter 的语音留言服务 speak2tweet 使人能打电话到 Twitter 网站，电话信息被立即记录下来，主题标签＃Egypt 立即把电话信

133

息呈现在Twitter网站上（见第二章）。

第三节 社交媒体从自我传播走向大众受众

卡斯特认为，当代社会一个新奇的特征是大众自我传播（mass self-communication）。这个特征的基础是多样性和多中心的正面宣示，但更大程度上直接建立在个人力量提高的基础之上：

> 这是大众传播，因为它有潜力接触到全球受众，比如YouTube上的视频，用RSS与许多网站链接的博客，群发邮件。同时，它又是自我传播，因为信息是用户自我生成的（self-generated），潜在接收者的定义是自我导引的（self-directed），从万维网和电子网络检索的信息和内容是自我挑选的（self-selected）。这三种传播（人际传播、大众传播和大众自我传播）共存、互动、互补，而不是互相取代。这些传播形式在社会组织和文化变迁中产生过相当重大的影响，它们曾经很新奇；如今，它们是各种传播形式的结合，由此而产生复合的、互动的数字超文本；超文本把人类互动产生的一切文化表达搜罗其中，将其混合和重组，表现出多样性。
>
> （Castells，2009：55，亦见第70页）

社交媒体提供个人化的内容，使个人在公开的语境中展露隐私、在私密的语境中公开（Papacharissi，2009），这种新现象仍然凸显自我，凸显个性特征而不是公民身份。在由人们自我界定的私密空间中，人们与他人在共同的社会、政治和文化议程中建立联系。在这里，重要的是，他们体会到相互依存、亲近，产生共鸣（Coleman，2005）；在发达的资本主义社会里的其他场合，这样的体会是不存在的。社交媒体赋予的空间是移动的——可以是火车站、咖啡馆、工作场所，也可以是行进的巴士；但它们使人们的行为举止相联，使人产生掌控、自主和自我表达的观念。社交媒体常常是取代面对面互动的另一种选择，社交媒体上的交流可能是网内的、跨网的、本地的、全国的或全球的，这种交流已经和一代人的社会资本联系在一起（Hampton and Wellman，2001，2003）。对自我表达价值的强调加重了，无疑，这似乎指向新社会习惯的发展。在网络世界里，公共空间和私人空间越来越多地互相交叠；如果我们同意这个观点，这两个交叠的空间还可能产生政治影响。

134

卡斯特认为，大众自我传播是通过“创造性受众”（2009：127）实现的“意义的互动生产”（2009：132），自我在创造的过程中得以实现。他说，在大众自我传播中，传统的入口控制行不通了。任何人都能上传视频，写博客，开办聊天论坛，创建邮件清单——换言之，人人都有创新自主权（Fuchs，2009a）。能够上网是常态，被拦截是例外（Castells，2009：204）。也许真是这样吧。但事实上，虽然从原则上说，人人能借助互联网生产和传播信息，但并非一切信息都同样醒目，同样引人注意。诚然，社交媒体产生了一种表情达意的创造性的自我传播形式，然而，大众自我传播仍然是个人想要摆脱在组织里默默无闻身份的苦苦挣扎，是个人争取发声的努力，是小组织争取自己的声音高于大组织的尝试。社交媒体无法规避分层结构的网络眼球经济，实际上，社交媒体正是这种眼球经济的组成部分。在这种经济中，传统要素和主流要素仍然高居统治地位。传统的新闻和信息网站仍然吸引大多数的流量，正如名人和精英生成最大的网络一样。

2008 年，奥巴马在总统竞选中之所以大获全胜，据说主要是因为使用了社交媒体。但皮尤研究中心的“互联网和美国人的生活调查项目”（2008）显示，只有 10%的美国互联网用户在社交网站上发布政治评论，只有 8%的用户在博客上发政治评论的帖子。而且，CNN、ABC 和 MSN 等电视网站是 64%的用户的主要新闻源头。谷歌或雅虎等新闻聚合网（其大量内容取自主流新闻组织）的访客只占用户的 54%，34%的用户仍然使用主流大报的网站。获取公共事务的信息时，人们仍然更喜欢主流媒体的网站，或以电视为优先选项，网络媒体则退居其次（Kohut，2008）。即使他们访问网络媒体时，同样的等级结构也存在。我们自己也做了一番研究，作为新媒体研究的一部分，我们考察了很多不入主流的新闻平台比如“独立媒体”（Indymedia）和《开放民主》非主流的网站吸引了多少流量。根据“阿历克萨”（Alexa）网站排名（基于各网站流量占互联网总体流量的百分比），网络杂志《开放民主》在非主流新闻网站中的排名是第 36 694 位，“独立媒体”的排名是第 61 148 位。[1] 相反，BBC 网站排名第 44 位，CNN 网站排名第 52 位，《纽约时报》网站排名第 115 位（alexa. com，top 1 000 000 000sites，2008）。在英国前 19 位的非主流新闻网站中，前 5 位的访问量是其余网站的两倍，超过了其余网站流量的总和。前 5 位网站资源比较丰厚，经济上度过了困难时期，赢得了受众。在这些非主流网站中，网络受众的分布曲线非常陡峻。流量指向少数几家，其流量占压倒优势。研究结果发现，政治信息的主要平台始终是现有的新闻源和大众媒体的网络版。不错，借助社交媒体的“大众自我

135

传播”显然是存在的，而且构成了补充性的、体认式洞见的重要源头，然而，大众自我传播仍然落入强大媒体建构的根深蒂固的框架内，并处在强大媒体的影响之下。

大众自我传播还必须放进社会语境和政治语境去理解，因为这种自我传播是大语境的一部分。在西方发达的资本主义社会比如美国和英国，个人主义政治是主流，是新自由主义路径的一部分；在这样的语境中，凭借社交媒体进行的大众自我传播可能在很大程度上是自我指涉的（self-referential），其动机是个人的自我实现（Kaye，2007；Papacharissi，2007）。大众自我传播里回荡的是物质主义的和市场主导的文化（Scammell，2000）。事实上，这种语境里的社交媒体可以恰如其分地被称为自我的新自由主义生产（neoliberal production of self）；在这里，虽然有网络联系起来的个人，但正如撒切尔夫人的名言所示，“没有社会这种东西，有的是个体的男人和女人”，这种自我表达的、彻底网络化的个人可能会各自独处，但他们不会孤独，不会与世隔绝，至少在有社交媒体“朋友”的时候不会形单影只。网络、与他人无穷无尽联系的观念建立在个人是自我传播者的基础上，但这种观念也可能否认网络深层不平等的结构。米勒（2008：399）发表过类似的言论，他说：

> 从博客到社交网络再到微博的发展过程中，我们看到一种重大的变化。起初，人们上网对话和交流，网络的意义是促进实质内容的交流；后来，网络本身的维护成了首要的焦点。在这里，交流从属于如何维护不断扩张的网络的角色，从属于在网络连接中存在的观念……从博客到社交网络再到微博的发展过程显示，与之伴生的是偏离社群、叙事、实质性交流的趋势，是走向网络、数据库和寒暄式交流。 *136*

寒暄式交流的焦点是社交联系，而不是信息的意向或对话的意向。如此，自我表达可能提供个人控制的机会，也可能使原创性想象得到解放，但自我表达又可能是碎片式的，可能会脱离权力的制度。正如卡斯特（2009）所言，我们的确生活在各种传播形式表达的范式转移中，此间的传播将各种形式的文化表达混合起来，进行重组，同时还放大了音量，扩大了声音传递的潜在范围。然而，社交媒体中地位凸显的自我不应该沦为传播形式的技术性能；相反，对自我的理解必须坚定不移地放进社会结构的语境中去考察，表达手段被赋予的声音和音量都是从这个语境中派生出来的。

第四节 社交媒体提供了一种新的社会讲述形式

如果传统的新闻媒体具有第四种权力的功能，达顿（Dutton，2007）说，新媒体则产生了一个新的“亲社会”维度，这一维度超越了传统媒体的局限，产生了超越现存制度疆界的“第五种权力”（Fifth Estate），成了另一个新闻源头，成了公民对公共生活和私营企业的制衡。如此，新媒体提供了一种新的社会讲述形式。

有人把这个观点和监察性民主紧密联系在一起（Keane，2009）。所谓监察性民主（monitorial democracy）是一种“后代议制民主”（post representative democracy），由许多种超议会的、监察权力的机制来界定；这些机制使政客、政府和政党小心谨慎。在基恩（Keane，2009：15）的笔下，监察性民主与多媒体饱和社会的数字时代联系在一起，两者联系的印记是不可磨灭的：在多媒体饱和的社会里，“权力结构不断被监察性制度‘啃咬’，监察性制度在新媒体的星汉中运行，新媒体由传播富足的时代精神界定”。社交媒体呈现的是公开个人监察行为的一种形式。实际上，有几个例子说明，一波 Twitter 推文能够导致一个问题的病毒式传播，迫使主流新闻媒体、大企业或政治权力重新思考问题。

男孩地带乐队（Boyzone）的同性恋歌星史蒂芬·盖特里（Stephen Gately）去世时，英国小报《每日邮报》的（*Daily Mail*）的一位评论员宣称，盖特里的去世与他的性取向有关系；Twitter 上立刻掀起了一场抗议风暴，领头抗议的是史蒂芬·弗莱（Stephen Fry）和达伦·布朗（Derren Brown）。弗莱写道：“我想，一个令人恶心的小人，在一张报纸上写了一些令人厌恶的、毫无人性的东西；任何正派的人都不应该这样写去世的人。我厌恶《每日邮报》的简·莫伊尔（Jan Moir）吗？岂止，我的抱怨事关重大。她违背了新闻伦理第一、三、五、十二条。”（转引自 Booth，*Guardian*，17.10.9：p.2）网民的抱怨潮水般涌进新闻投诉委员会，速度之快前所未有，使其网页崩溃。几家大报就此做了报道，BBC1 台的政论节目《质询时间》（*Question Time*）做了一期专题节目。简·莫伊尔或《每日邮报》是否因反同性恋的言论引起的风暴而日子过得难受，我们不得而知；然而，这场风波说明，在社交媒体的世界里，一个问题很快就可能闹得满城风雨，令人不快的话语会受到普遍的批评。

137

与之类似的另一次社交媒体行动亦显示其对民主有利。托克（Trafigura）石油贸易公司在科特迪瓦倾倒有毒废物，在内部发令保密，企图阻止《卫报》披露消息，但由于网民和议会联手揭露，其保密企图终未得逞。整整五个星期，《卫报》掀起了一场法律论战，揭露那份令人厌恶的“民顿报告”（Minton Report）；一位议员披露，禁令的确存在。代理该石油公司的卡特-卢克（Carter-Ruck）律师事务所警告《卫报》，刊布议会讨论的信息是蔑视法庭。《卫报》随即刊文披露它收到了禁令。不出12小时，博主们就挖出了被禁止发布的信息（许多博主通过维基解密网站获取信息，该网站经常刊布被各国法庭禁止披露的信息）。数以百万计的人了解到“民顿报告”，Trafigura成了互联网上被搜索的热词。

这两个例子显然是取自主流的新闻媒体。但这种讲述方式的新奇之处在于：（1）速度快，有了互联网这样的档案库和图书馆，又有了搜索的便利以后，某人某事很快就能被“查出来”；（2）凡是能上网的人都能参与讲述；（3）讲述某件事情或对某件事情的关切所营造的氛围能刺激主流媒体的宣传和政治方面的回应。Twitter最大的力量就在于它能捕捉住任何人、任何地方此时此刻正在讨论、正在询问的事情。比如，2009年10月，英国国家党（British National Party）（极右的法西斯党）的领袖尼克·格里芬（Nick Griffin）上了BBC1台“质询时间”节目，引起争议。彼时，用“Nick Griffin”上谷歌检索，很快就能得到一些有趣的结果，包括BBC网站上的个人资料和《卫报》的一篇社论。但用Twitter检索的结果更详细，使人能洞见数以万计的网民在这个问题上的观点。

Twitter的抱负是成为地球的脉搏，使我们能与全球网民会话。这个雄心很有魅力，不过，这种博眼球方式的建构仍然是掌握在少数特权者的手里（Heil and Piskorski，2009）。皮尤研究中心“互联网和美国人的生活调查项目”（Smith，2010）发现，文化水平越高的人越可能上Twitter。与此相似，赛兰-琼斯（Cellan-Jones，2009）指出，在伦敦爆发的针对G20的抗议活动中，Twitter成了主要的播报方式，推文传递主流媒体的信息。Twitter在这里的普及也可以用来说明，权力的集中化胜过了一般的交流，结果并不是一些人声称的那种双向对等交流的爆炸性增长。

138

2009年10月，Twitter同时与谷歌和微软签署合同，同意让两家公司把Twitter的内容纳入其搜索范围。两家公司能实时搜索Twitter内容，两个搜索引擎的竞争因此而加剧了。与Twitter的合作使谷歌和微软的网站能利用Twitter数以百万计的活跃用户的博文，使其能提供现成的信息包；用户点击鼠标就可以获取一揽子实时的观点和意见。两家公司都用自己的算法来辨认用户觉得最重要的信息，而不是以最新上传的信息优先，在这一点上，它们有别于 Twitter 以上传时间排序的做法。谷歌和微软如何决定这些讯息的优先顺序呢？它们是把民主意向作为自己的抱负呢，还是把广告利润作为自己的目的？

于是，我们是否可以问，社交媒体提供了一种新的讲述形式吗？在这里，我们不得不再次回到那个问题：谁对谁讲述什么？"谁在讲述呢？"这个问题仍然由少数文化程度高的人主导，他们偶尔能决定议程，多数时候是回应业已确定的议程，但很难改变询问的框架。"他们在讲述什么呢？"他们是在编造故事还是在陈述事实？在强调速度的环境里，事实的核实必然会受到妨害。

在这种新的社会讲述形式中，许多人的声音构成了网上的噪声，数字存在的形态是由市场力量和社会力量合力描绘的。吊诡的是，小声说话而不被听到常难以做到。社交媒体使个人能追溯信息，也能发布信息，同时又"告诉"当局和监管机构人们说了什么，谁说了什么。诚然，社交媒体能提供一种新的讲述方式，但它们同时又有助于跟踪和审查；正所谓：我们观察媒介、媒介看我们观察它们（Khiabany，2010）。另一方面，社交媒体有兴趣亦有能力永远掌控网民的行为和个人资料，以借助目标受众明确的广告来积累资本（Fuchs，2009）；此外，网络平台的东家还有权力屏蔽网络用户，甚至关闭整个网络。这种情况罕有发生，但的确能被有效使用。再者，社交媒体还被纳进了警方控制和追踪的技术里，以识别异常者、罪犯和恐怖分子。罗兹和赵（Rhoads and Chao，2009）对伊朗的情况做了介绍：政府用社交媒体来调查其公民，预测其计划，识别异见人士并加以反制。他们说，伊朗政府开放互联网时，网络给政府提供了很丰富的信息，使它能监视公民。哥伦比亚（Golumbia，2009）也指出，Twitter 也被用来控制和监视异见人士。

139 英国的传媒独立监察机构 Ofcom 2009 年发布的研究报告显示，54%的 11～16 岁的少年需要忠告方能知道如何保护自己的网上隐私。同时，Facebook 不断更新的 5 亿用户的信息最终成为金山银山，是谷歌和微软等巨头取之不尽的宝藏，Facebook 提供的信息比 Twitter 更丰富。Facebook 用户每天所做的更新超过 4 500 万条。不过，这些信息大多数是私密、隐蔽的，搜索不到。但 Facebook 正在造势，鼓励用户公开更多个人的信息，如此，它就能获取更多数据，使它能吸引人们注意，以便获取商业利益。

本科勒清楚说明，产业化媒体的生产在经济上的集中化趋势的确发生了逆转，但这仅仅是部分的逆转。本科勒赞扬非市场的"分享"形式，这些形式能促成另一种信息基础设施，这当然好，但它们至多不过与基于市场的媒介结构并存而已（2006：121，23）。不过，这没有妨碍他看清另一种全新的社会讲述模式；实际上他说："我们有机会改变我们创造和交换信息、知识和文化的方式。"（2006：473，参见162－65）但正如大卫·哈维（David Harvey，2005：3）所言，新自由主义竭力"把人的一切行为纳入市场所需要的信息创造和信息性能的技术领域，即信息积累、储存、迁移和分析的技术，它竭力使用大规模的数据库来指引全球市场的决策。换言之，网络通信和全球化的新自由主义成为完美的绝配"。

所以我们必须承认，虽然社交媒体用于社会批评、监督性民主和作为一种新的讲述形式的潜力很大，但资本主义和社会批评的关系是复杂的。波尔坦斯基和恰佩洛（Boltanski and Chiapello，2005）指出，社会批评既巩固资本主义，又改变资本主义。批评总是从占统治地位的权力结构中衍生出来的，因而总是打上了社会历史的胎记。同理，批评总是在占统治地位的体制中挣扎的——在英国，这个体制就意味着新自由主义。虽然互联网有潜力揭露这个体制的不足，但作为技术和传播手段的互联网并没有超越新自由主义，而是新自由主义体制的组成部分。在这样的语境下看问题，更可能看到的是另一番景象：社交媒体将复制和加强社会不平等，而不是解决不平等。正如马威克所言：

> 如果假定社交网络能解释人的行为，那不仅忽略了人的行为所受的种种影响，包括体制性权力关系在性别、性行为、种族、阶级等方面造成的影响，而且忽略了主体的经验行为所受到的影响，人必然要受他所处的大环境的影响。社交网络去掉了这些"权力网络"，同时又展示出身份的自我表现和关系纽带，结果就把价值和意义从互联网删除了。
>
> （Marwick，2005：12）

然而，另一种焦虑不仅产生于对资源的获取，而且产生于身陷网络之中的境遇。《连线》2009年6月发表的一篇文章论及Facebook主宰世界的计划，其中一段文字是： *140*

> 在过去的十来年里，互联网是由谷歌的算法界定的。谷歌严谨而高效的算式审查网络活动的每一个比特，目的是绘制一套网络世界的地图。Facebook的CEO马克·扎克伯格（Mark Zuckerberg）憧憬一个更加个人化、人性化的互联网；在那里，我们的朋友、同事、同侪、家人是我们首要的信息源，就和离线世界里的情况一样。在他的愿景中，网络用户将询问这个"社

会地图”，去寻找最好的医生、相机，或寻找一位雇员，而不是去搜索谷歌数学运算所得的冷冰冰的结果。

换言之，我们靠社交媒体促成的朋友圈、社会网络将要成为我们首要的信源。如果我们相信，社会网络总体上强化并拓宽我们与思想类似的人的交往，这里就有潜在的严重关切。建基于阶级、种族和性别的排他性的场域会长期维持不平等现象。实实在在的证据显示正好相反的结果时，我们为什么还认为万网之网会超越以前的不平等呢？证据显示，互联网的用途和功能显然受社会政治背景的驱动，受过去和现在公民活动的驱动，受互联网用户个人活动的影响（Jennings and Zeitner，2003）；虽然我们使用媒介的习惯可能有所变化，但正如以前的媒介接受（media reception）研究所示，互联网的用途和功能同样受社会政治背景和用户个人的影响。既然如此，我们为什么还会落入陷阱，认为互联网是独立的呢？

推论的结果有这样一种可能性：我们使用互联网的经验本身可能在一定程度上掩盖正在发生的真实情况，可能把我们引入一个全球社会的特权阶层，使我们对重大变革的需求视而不见。这可能是通过社交媒体自我展示所得到的结果——我们只能在有中介的自我表现中去想象自己，却不能以积极行动的公民身份去想象自己。换言之，这就是脱离“政治化生存”（being political）的“存在的政治”（politics of being）（见本书第六章）。

第五节　小结

> 我们不应该再考察所谓的信息社会……而是应该考察交流社会（Communicational Society）……，因为正是在我们的相互交流中，信息和通信技术（ICTs）最直接地闯进了社会存在的核心。
>
> （Silverstone and Osimo，2005）

西尔弗斯通这里所谓的“交流社会”是一种憧憬，一种新型的先验空间，一种合作的社会（或参与性民主形式），而合作是社会的固有属性（只要社会政治条件允许）；这样的先验空间受信息和信息技术的推动。然而，单靠传播手段，这个美好、平等和协商的交流社会并不会自然而然地到来。这是因为，在资本主义制度下，合作与竞争是固有的矛盾（Andrejevic，2007）；交流社会里也存在这

141

样的矛盾。这一矛盾威胁着参与性民主的潜能。传播媒体产生潜能，其潜能可能瓦解竞争，同时又可能产生主导和竞争的新形式。数字媒体产生了融合的平台和融合的习惯——消费者就是生产者，能直接创造意义；意义的创造不再是单纯的解释，意义的创造与生产的行为结合起来了。而且，消费者是在具体的社会、经济、政治与竞争中创造意义。在西方发达的民主社会里，这个语境就是新自由主义的资本主义语境。

卡斯特（2009）可能是正确的。他强调，互联网为反制力量（counter-power）和自主空间（autonomous space）的创建提供了各种可能性。但令人遗憾的是，正如福克斯（Fuchs，2009a：95）所言，摆脱资本和国家权力的空间不容易获得。无疑，这样的空间不会自动寓于社交媒体中，“而是必然从属于占主导地位的公司逻辑”。这并不意味着，自主空间将来也不会存在，但如果要理解自主空间何以能存在，我们则不得不对抑制这种空间的种种因素做一番批判分析。

卡斯特（2009）认为，监察力是大众自我传播的组成部分；监察力是监察、揭露和追究责任的能力；在领域拓宽、速度加快的数字时代，人们的监察力大大加强了，但他们的监察却发生在这样的语境里：当权者“已然利用大众自我传播为自己的利益服务，并将自己的利益置于优先的位置”（2009：414）。但即使承认资本和国家持久的统治，他也看到，网络上释放的创造性有潜力挑战公司的权力，还可能瓦解政府的权威（2009：420）。他这个观点的基础是参与网络生产的政治——一旦有机会参与网上的生产，你就有了传播的自由；他没有考虑网络使用权的结构。福克斯（2008，2009a）则指出，典型的 Web 2.0 商务战略不是“向人们推销上网的机会”，而是让人免费上网，是向第三方推销人（更准确地说是推销网民的数据），借以谋利。这种关系显然是很不平等的。他很精明地告诫我们说，我们最好是记住，Web 2.0 公司拥有的权力比网民反制它们的政治权力大得多。

在当代新自由主义社会里，个人主义和自我表达的价值观与个人空间是和谐的，个人空间成为公民参与的基础。个人空间的流动性使日常事务纠结在一起，使个人任何时候都处在能被找到的情况中，这就使我们的生活受到严密的控制（Castells，Fernandez-Ardevol，Linchuan Qiu and Sey，2006；Ling and Donner，2009）。约迪·迪恩（Jodi Dean，2009）指出，新媒体产生了一种霸权话语，这种话语的基础是多样性和多元性的逻辑、自主性、信息的获取和参与，其结果自然是更多元的社会和更高涨的民主；新媒体的开放性又有神秘的一面，与之同时 *142*

发生的是全球范围内极端的公司化、金融化和私有化。

诺瓦尔（Norval，2007：102）提醒我们注意，我们要避免做一个“政治框架的假设，原则上人人都能发声，却不注意那种框架的结构，也不注意个人如何在其中被人看见”。在贫困、剥削和压迫的情况下，创造性自主是难以表达的。即使新传播技术推进了集体发声，个人的特征和政治欲望也不足以开垦和重建必要的制度，也不足以解释并维持一种新的政治秩序。

真正的民主化需要被压迫者和被排斥者名副其实的、实实在在的参与，还需要承认真实的物质差别，需要有抗争的空间，需要理解抗争空间的意义并进行回应。这不仅仅是主张包容性、多元性和参与，也不仅仅是主张人人享有创造性自主，因为这些主张只能把我们带到一垒的位置。它们可能充分暗示了可能的变革。但我们不应该因承认这一点而迷信参与或互动一定能赋予人们自主的地位。

网络本身并不具有天然的解放功能，网络开放性并不会直接产生民主。新媒体的使用可能赋予用户解放的功能，但新媒体未必就能使社会民主化。我们应该记住，在网络形成和存在的大社会环境里，政治结构在互联网问世之前早就存在了。对创造性自主的强调很容易导致个人主义的政治，而个人主义政治抑制着进步的社会变革。社会化网络使我们认识到生产者和消费者身份的不稳定，社会和政治公共空间的模糊不清；但如果要充分了解网络的功能，我们就必须将网络置于大社会环境里去考察。在某些语境下，网络传播媒介的扩张强化了民主逻辑的霸权（Dean，2010），强化了对言语、舆论和参与的霸权。它向我们暗示，我们在 Facebook 上的朋友人数、我们的博客网页的点击数就是我们成功的标志。这种网络化的交流可能会极大地拓展我们发表主张的可能性，同时却可能使主流媒体的优势和利益更深地嵌入政治的本体；还有助于确立商业媒体的规范和价值，亦可能使我们忽略公司和金融的影响，忽略对决策结构的理解，亦可能使我们政治斗争的斗志削弱，沉湎于娱乐之中。

关键问题是：社交媒体为自我中心的需求服务，反映围绕自我建构的实践——其功能仅此而已吗？社交媒体的用户是社会驱动、自我陶醉的，在网络链接对抗社会秩序的庸常性中，用户看到了无穷的可能性。宾伯（Bimber，2000）指出，网络技术有“促成公民参与结构的碎片化和多元化”的趋势，同时，网络技术有另一个趋势：“使政治去制度化，使交流碎片化，加速公共议程和决策过程，这就可能损害公共空间的凝聚性”（2000：323－33）。社交媒体的首要功能并不是为社会谋利，也不是政治参与；其首要功能是表情达意，按照这一功能，

143

理解社交媒体的最好办法是考察它们表达政治环境的动态（常常相互矛盾）的潜力，而不是去重组或更新支持它们的结构。

注释

［1］这是 Leverhulme 基金赞助的新媒体研究项目的一部分（见 Fenton，2010）。保罗·格尔保多（Paolo Gerbaudo）承担了这部分的分析任务，特此致谢。

参考文献

Agre，P. E. （2002）'Real-time Politics：The Internet and the Political Process'，*Information Society* 18（5）：311－31.

Althaus，S. L. and Tewksbury，D. （2000）'Patterns of Internet and Traditional Media Use in a Networked Community'，*Political Communication* 17：21－45.

Andrejevic，M. （2004）'The Web Cam Subculture and the Digital Enclosure'，in N. Couldry and A. McCarthy（eds）*Media Space：Place，Scale and Culture in a Media Age*，Oxon：Routledge，193－209.

—— （2007）*iSpy：Surveillance and Power in the Interactive Era*，Kansas：University of Kansas Press.

—— （2008）'Theory Review：Power，Knowledge，and Governance：Foucault's Relevance to Journalism Studies'，*Journalism Studies* 9（4）：605－14.

Barber，B.，Mattson，K. and Peterson，J. （1997）*The State of Electronically Enhanced Democracy：A Survey of the Internet*. A report for the Markle Foundation. New Brunswick，NJ：Walt Whitman Center for Culture and Politics of Democracy.

Baron，N. （2008）*Always on：Language in an Online and Mobile World*，Oxford：Oxford University Press.

Beckett，C. （2008）*SuperMedia：Saving Journalism so It Can Save the World*，Oxford：Wiley-Blackwell.

Bell，D. （2007）*Cyberculture Theorists. Manuel Castells and Donna Haraway*，New York：Routledge.

Benkler, Y. (2006) *The Wealth of Networks. How Social Production Transforms Markets and Freedom*, New Haven, London: Yale University Press.

Best, S. J., Chmielewski, B. and Krueger, B. S. (2005) 'Selective Exposure to Online Foreign News during the Conflict with Iraq', *Harvard International Journal of Press/Politics*, 10 (4): 52-70.

Bimber, B. (2000) 'The Study of Information Technology and Civic Engagement', *Political Communication* 17 (4): 329-33.

—— (2002) *Information and American Democracy: Technology in the Evolution of Political Power*, Cambridge: Cambridge University Press.

Bimber, B. and Davis, R. (2003) *Campaigning Online: The Internet in U. S. Elections*, New York: Oxford University Press.

144 Boltanski, L. and Chiapello, E. (2005) *The New Spirit of Capitalism*, *trans.* G. Elliott, London: Verso.

Brodzinsky, S. (2008) 'Facebook Used to Target Colombia's FARC with Global Rally', Christian *Science Monitor*, 4 February. Online. Available HTTP: <http://www.csmonitor.com/2008/0204/p04s02-woam.html> (accessed 22 November 2008).

Brundidge, J. (2006) 'The Contribution of the Internet to the Heterogeneity of Political Discussion Networks: Does the Medium Matter?' Paper presented at the annual meeting of the International Communication Association, Dresden International Congress Centre, Dresden, Germany, 16 June. Online. Available HTTP: <http://www.allacademic.com/meta/p_mla_apa_research_citation/0/9/2/6/5/p92653_index.html>.

Bruns, A. (2008) *Blogs, Wikipedia, Second Life and Beyond*, New York: Peter Lang.

Carnegie Trust UK (2010) *Enabling Dissent*, London: Carnegie Trust UK.

Castells, M. (1998) *The Information Age. Economy, Society and Culture*, Cambridge, MA: Blackwell.

—— (2009) *Communication Power*, Oxford: Oxford University Press.

Castells, M., Fernandez-Ardevol, J., Linchuan Qiu, J. and Sey, A. (2006) *Mobile Communication and Society*, Cambridge, MA: MIT Press.

Castoriadis，C. （1991） *Philosophy，Politics and Autonomy：Essay in Political Philosophy*，New York：Oxford University Press.

Cellan-Jones，R. （2009） ‘Do Anarchists Tweet?’，BBC News website，2 April. Online. Available HTTP：< http：//www. bbc. co. uk/blogs/technology/2009/04/do _ anarchists _ tweet. html> （accessed October 2011）.

Coleman，S. （2005） ‘The Lonely Citizen：Indirect Representation in an Age of Networks’，*Political Communication* 22 （2）：180－90.

comScore （2007） ‘Social Networking Goes Global’ . Online. Available HTTP：<http：// www. comscore. com/press/release. asp? press＝555> （accessed 7 July 2009）.

Couldry，N. （2003） *Media Rituals：A Critical Approach*，London：Routledge.

Council of Foreign Relations （2008） ‘FARC，ELN：Colombias Left-Wing Guerrillas’ . Online. Available HTTP：<http：//www. cfr. org/publication/9272/> （accessed 23 May 2008）.

Current. com （2008） ‘Facebook Users Spawn Grassroots Protest of Colombia's FARC’ . Online. Available HTTP：<http：//current. com/items/88832752/facebook _ users _ spawn _ grassroots _ protest _ of _ colombia _ s _ farc. htm> （23 November 2008）.

Dahlberg，L. and Siapera，E. （eds） （2007） *Radical Democracy and the Internet：Interrogating Theory and Practice*，London：Palgrave Macmillan.

Davis，R. （1999） *The Web of Politics：The Internet's Impact on the American Political System*，Oxford：Oxford University Press.

Dean，J. （2009） *Democracy and other Neoliberal Fantasies：Communicative Capitalism and Left Politics*，Durham，NC：Duke University Press.

Donath，J. （2007） ‘Signals in Social Supernets’，*Journal of Computer-Mediated Communication* 13 （1）：article 12. Online. Available HTTP：<http：//jcmc. indiana. edu/vol 13/issuel/donath. html> （accessed August 2011）.

Dutton，W. （2007） *Through the Network of Networks：The Fifth Estate*，Oxford：Oxford Internet Institute.

Ellison，N.，Steinfield，C. and Lampe，C. （2007） ‘The Benefits of Facebook "Friends": Social Capital and College Students' Use of Online Social Network Sites', *Journal of Computer-Mediated Communication* 12 (4): 43–68.

Facebook Group (2008) 'One Million Voices Against FARC (English version). Online. Available HTTP: <http: //www. facebook. com/group. php? gid =21343878704> (accessed 23 May 2008).

145 Facebook, Inc. (2008a) Create a Group. Online. Available HTTP: <http: //www. facebook. com/groups/create. php> (accessed 27 April 2008).

—— (2008b) Press Room. Online. Available HTTP: <http: //www. facebook. com/press/info. php? statistics> (accessed 26 April 2008).

Facebook Statistics (2008). Online. Available HTTP: <http: //www. facebook. com/press/ info. php? statistics> (accessed 23 May 2008).

Fenton, N. (ed.) (2010) *New Media, Old News: Journalism and Democracy in the Digital Age*, London: Sage.

Fuchs, C. (2008) *Internet and Society. Social Theory in the Information Age*, New York: Routledge.

—— (2009) 'Information and Communication Technologies and Society: A Contribution to the Critique of the Political Economy of the Internet, *European Journal of Communication* 24 (1): 69–87.

—— (2009a) 'Some Reflections on Manuel Castells' Book "Communication Power"', *tripleC* 7 (1): 94–108.

—— (2009b) *Social Networking Sites and the Surveillance Society. A Critical Case Study of the Usage of studiVZ, Facebook, and MySpace by Students in Salzburg in the Context of Electronic Surveillance*, ICT& S Center Research Report. Online. Available HTTP: <http: //fuchs. uti. at/wp-content/uploads/studivz. pdf> (accessed October 2011).

Geveran, W. (2009) 'Disclosure, Endorsement, and Identity in Social Marketing', *University of Illinois Law Review*, 1105. Online. Available HTTP: <http: //home. law. uiuc. edu/lrev/publications/2000s/2009/2009 _ 4/McGeveran. pdf> (accessed August 2011).

Gillmor, D. (2004) *We the Media: Grassroots Journalism by the People, for the People*, Sebastopol, CA: O'Reilly Media.

Golumbia，D. （2009）*The Cultural Logic of Computation*，Harvard，MA：Harvard University Press.

Habermas，J. （1996）*Between Facts and Norms：Contributions to a Discourse Theory of Law and Democracy*，Cambridge：Polity Press.

Hamelink，C. （2000）*The Ethics of Cyberspace*，London：Sage.

Hampton，K. （2002）'Place-based and IT Mediated "Community"'，*Planning Theory and Practice* 3（2）：228－31.

Hampton，K. and Wellman，B. （2001） 'Long Distance Community in the Network Society-Contact and Support Beyond Netville'，*American Behavioral Scientist*，45（3）：476－95.

—— （2003）'Neighboring in Netville：How the Internet Supports Community and Social Capital in a Wired Suburb'，*City and Community* 2（4）：277－311.

Harvey，D. （2005）*A Brief History of Neoliberalism*，Oxford：Oxford University Press.

Haythornthwaite，C. （2005） 'Social Networks and Internet Connectivity Effects'，*Infomation，Communication and Society* 8（2）：125－47.

Heil，B. and Piskorski，M. （2009） 'New Twitter Research：Men Follow Men and Nobody Tweets'. Online. Available HTTP：<http：//blogs. harvardbusiness. org/cs/2009/06/new _ twitter _ research _ men _ follo. html>（accessed October 2011）.

Herman，E. S. and McChesney，R. W. （1997）*The Global Media. The New Missionaries of Global Capitalism*，London，Washington：Cassell.

Hill，K. A. and Hughes，J. E. （1998）*Cyberpolitics：Citizen Activism in the Age of the Internet*，Lanham，MD：Rowman and Littlefield.

Hindman，M. （2009）*The Myth of Digital Democracy*，Princeton：Princeton University Press.

Holguín，C. （2008） 'Colombia：Networks of Dissent and Power'，*OpenDemocracy. Free thinking for the world*，4 February. Online. Available HTTP：<http://www. opendemocracy. net/article/democracy _ power/politics _ protest/facebook _ farc>（accessed 22 November 2008）.

Holt，R. （2004）*Dialogue on the Internet：Language，Civic Identity，and*

146

Computer-mediated Communication，Westport，CT：Praeger.

Holton，R. J.（1998）*Globalization and the Nation-state*，London：Macmillan Press.

Infographic（2010）'Infographic：Twitter Statistics，Facts and Figures'. Online. Available HTTP：<http：// www. digitalbuzzblog. com/infographic-twitter-statistics-facts-figures/>（accessed May 2010）.

Internet World Stats（2007）http：//www. internetworldstats. com/sa/co. htm（accessed 22 May 2008）.

Kaye，B. K.（2007）'Blog Use Motivations'，in M. Tremayne（ed.）*Blogging*，*Citizenship and the Future of the Media*，New York：Routledge，127－48.

Keane，J.（2009）*The Life and Death of Democracy*，London：Simon and Schuster.

Khiabany，G.（2010）'Media Power，People Power and Politics of Media in Iran'，paper presented to the IAMCR conference，Braga，Portugal.

Kohut，A.（2008，January）'Social Networking and Online Videos Take off：Internet's Broader Role in Campaign 2008'，The Pew Research Center for the People and the Press. Online. Available HTTP：<http：//www. pewinternet. org/pdfs/Pew _ MediaSources _ jan08. pdf>（accessed March 2008）.

Jennings，M. K. and Zeitner，V.（2003）'Internet Use and Civic Engagement：A Longitudinal Analysis'，*Public Opinion Quarterly* 67：311－34.

Ling，R. and Donner，J.（2009）*Mobile Communication*，Cambridge：Polity.

Liu，H.（2007）'Social Networking Profiles as Taste Perfomances'，*Journal of Computer-Mediated Communication* 13（1）：article 13. Online. Available HTTP：<http：//jcmc/indiana. edu/vo113/issue 1/liu. html>（accessed October 2010）.

McChesney，R.（1996）'The Internet and US Communication Policy Making in Historical and Critical Perspective'，*Journal of Computer-Mediated Coinmunication* 1（4）. Online. Available HTTP：<http：//jcmc. indiana. edu/voll/issue4/mcchesney. html>（accessed October 2010）.

Margolis，M，Resnick，D. ancl Tu，C.（1997）‘Campaigning on the Internet：Parties and Candidates on the World Wide Web in the 1996 Primary Season，*Harvard International Journal of Press and Politics* 2：59－78.

Marwick，A. E.（2005）*Selling Your Self：Online Identity in the Age of a Commodified Internet*，Washington：University of Washington Press.

Miller，V.（2008）‘New Media，Networking，and Phatic Culture’，*Convergence*14（4）：387－400.

Nielsen（2010）‘Social Networks/Blogs Accounts for One in Every Four and a Half Minutes Online’，Online. Available HTTP：<http：//blog. nielsen. com/nielsenwire/online _ mobile/social-media-accounts-for-22-percent-of-time-online/>（accessed October 2011）.

Norris，P.（2004）‘The Digital Divide’，in F. Webster（ed.）*The Information Society* Reader，New York：Routledge，273－86.

Norval，A.（2007）*Aversive Democracy*，Cambridge：Cambridge University Press.

Ofcom（2009）‘Children's and Young People's Access to Online Content on Mobile Devices，Games Consoles and Portable Media Players’. Online. Available HTTP：< http：//www. ofcom. org. uk/advice/media _ literacy/medlitpub/medlitpubrss/online _ access. pdf? dm _ i＝4KS，IQAM，9UK2L，64F1，1>（accessed January 2010）.

Örnebring，H.（2008）‘The Consumer as Producer of What? User-generated Tabloid Content in The Sun（UK）and Aftonbladet（Sweden）’，*Journalism Studies*，9（5）：771－85.

Papacharissi，Z.（2002a）‘The Self Online：The Utility of Personal Home Pages’，*Journal of Broadcasting and Electronic Media* 44：175－96. 147

——（2002b）‘The Presentation of Self in Virtual Life：Characteristics of Personal Home Pages’，*Journalism and Mass Communication Quarterly* 79（3）：643－60.

——（2007）‘The Blogger Revolution? Audiences as Media Producers’，in M. Tremayne（ed.）*Blogging，Citizenship and the Future of the Media*，New York：Routledge，21－38.

—— (2009) 'The Virtual Geographies of Social Networks: A Comparative Analysis of Facebook, LinkedIn and ASmallWorld', *New Media and Society* 11 (1-2): 199-220.

—— (2010) *A Private Sphere: Democracy in a Digital Age*, Cambridge: Polity.

Patterson, T. (2010) 'Media Abundance and Democracy', *Media, Journalismo e Democracia* 17 (9): 13-31.

Pew Internet and American Life Project (2008) *The Internets Role in Campaign* 2008. Online. Available HTTP: <http: //www. pewinternet. org/Reports/2009/6-The-Internets-Role-in-Campaign-2008. aspx> (accessed 5 October 2011).

Porta, D. D. and Tarrow, S. (2005) 'Transnational Process and Social Activism: An Introduction', in D. D. Porta and S. Tarrow (eds) *Transnational Protest and Global Activism*, Lanham, MD: Rowman and Littlefield, 1-19.

Poster, M. (2006) *Information Please. Culture and Politics in the Age of Digital Machines*, Durham, London: Duke University Press.

Puopolo, S. (2000) 'The Web and U. S. Senatorial Campaigns 2000', *American Behavioral Scientist* 44: 2030-47.

Quantcast (2008) Facebook. com. Online. Available HTTP: < http: //www. quantcast. com/facebook. com> (accessed 30 June 2008).

Rainie, L. and Madden, M. (2005) 'Podcasting', Pew Internet and Life Project, Washington, DC. Online. Available HTTP: <http: //www. pewinternet. org/pdfs/PIP _ podcasting2005. pdf> (accessed 3 October 2007).

Rheingold, H. (2002) *Smart Mobs. The Next Social Revolution*, Cambridge, MA: Perseus Books Group.

—— (2008) 'From Facebook to the Streets of Colombia', in *SmartMobs. The Next Social Revolution. Mobile Communication, Pervasive Computing, Wireless Networks, Collective Action*. Online. Available HTTP: <http: //www. smartmobs. com/2008/02/04/fromfacebook-to-the-streets-of-colombia/> (accessed 22 May 2008).

Rhoads, C. and Chao, L. (2009) 'Iran's Web Spying Aided by Western Technology', *Wall Street Journal*, 22 June. Online. Available HTTP: <http: //

online. wsj. com/article/SB124562668777335653. html> (accessed October 2009).

Sassen, S. (2007) 'Electronic Networks, Power, and Democracy', in R. Mansell, C. Avgerou, D. Quah and R. Silverstone, R. (eds) *The Oxford Handbook of New Media*, Oxford: Oxford University Press, 339 - 61.

Scammell, M. (2000) 'The Internet and Citizen Engagement: The Age of the Citizen Consumer', *Political Communication* 17 (4): 351 - 55.

Sennett, R. (1974) *The Fall of Public Man*, New York: Random House.

Shah, D. V., Kwak, N. and Holbert, R. L. (2001) 'Connecting and Disconnecting with Civic Life: Patterns of Internet Use and the Production of Social Capital', *Political Communication* 18: 141 - 62.

Shirky, C. (2008) *Here Comes Everybody: The Power of Organizations without Organization*, London: Allen Lane.

Silverstone, R. and Osimo, D. (2005) 'Interview with Prof. Roger Silverstone', *Communication & Strategies* 59: 101.

Smith, A. (2010) 'Who Tweets? ', Pew Research Center Publications. Online. Available HTTP: <http: //pewresearch. org/pubs/1821/twtter-users-profile-exclusive-examination> (accessed October 2011). 148

Smith, A. and Raine, L. (2008) 'The Internet and the 2008 Election'. Pew Internet and Life Project. Washington, DC. Online. Available HTTP: <http: //www. pewinternet. org/pdfs/PIP _ 2008 _ election. pdf> (accessed 8 July 2008).

Smythe, D. W. (1994) 'Communications: Blindspot of Western Marxism', in T. Guback (ed.) *Counterclockwise: Perspectives on Communication*, Boulder, CO: Westview Press, 263 - 91.

Streck, J. M. (1998) 'Pulling the Plug on Electronic Town Meetings: Participatory Democracy and the Reality of the Usenet', in C. Toulouse and T. W. Luke (eds) *The Politics of Cyberspace: a New Political Science Reader*, New York: Routledge, 8 - 48.

Sunstein, C. (2007) *Republic. Com* 2.0, Princeton: Princeton University Press.

Tapscott, D. and Williams, A. (2008) *Wikinomics: How Mass Collaboration Changes Everything*, London: Atlantic Books.

Turrow, J. (2001) 'Family Boundaries, Commercialism and the Internet: a Framework for Research', *Journal of Applied Developmental Psychology* 22 (1): 73 - 86.

Wilhelm, A. G. (1999) 'Virtual Sounding Boards: How Deliberative Is Online Political Discussion?', in B. N. Hague and B. D. Loader (eds) *Digital Democracy*, London: Routledge, 54 - 78.

Williams, C. B. and Gulati, G. J. (2007) 'Social Networks in Political Campaigns: Facebook and the 2006 Midterm Elections', paper presented at the Annual Meeting of the American Political Science Association, Chicago. Online. Available HTTP: <http://www.bentley.edu/news-events/pdf/Facebook_APSA_2007_final.pdf> (accessed 27 March 2008).

Zittrain, J. (2009) *The Future of the Internet*, London: Penguin.

第六章　互联网与激进政治

娜塔莉·芬顿

第一节　小序

互联网能建构和调动对抗的政治网络，去反制统治的权力结构，包括国内和国际两个层次；许多研究成果已对此做了详尽的描绘（如 Diani，2001；Downey and Fenton，2003；Fenton and Downey，2008；Hill and Hughes，1998；Keck and Sikkink，1998；Salter，2003）。这些文献超越了互联网日常交流习惯的领域，其重点放在个人身上（虽然这是网络世界里的个人），论述的是网络政治动员中可能发生的激进的集体行动。许多这种激进的对抗政治源自复杂的时事政治历史；在这里，政治的焦点已经转向，传统的焦点放在制度上，通过正式的、有组织的体制去处理制度；如今的焦点放在相当分散的社会运动阵列上（Hardt and Negri，2004；Loader，2007）；这些社会运动靠非正式网络运行，和政治产生共鸣，它们与生活方式有松散的关系，而不是与阶级相关。这一转向挑战传统政治的代议制形式，回应业已改变的社会、政治和技术情况，公民的政治权利义务就是在这种环境中形成的。

本章考察互联网与激进政治在国内和国际语境中的复活，将其置于多样性、互动性和自主性的主题下去分析，这些主题对有关互联网激进潜力的论述进行归纳。我们考察的文献指向一种正在形成的政治意识；这种意识寓于多种归属（multiple belongings）中（身份互相交叠的人靠许多网络联系起来），寓于柔性的身份（flexible identities）中（以包容为特征，正面强调多样性和杂交性），我们对这种意识的了解才刚刚开始。

接着，我们将考察这些论述的反驳意见；按照反驳者的解释，多样性不是政治多元主义，而是政治损耗和碎片化（Habermas，1998），他们认为，互动性是虚幻的，而不是谨慎的（Sunstein，2001）。换句话说，互联网并没有标示一种新

150 型的充满活力的对抗性政治文化，相反，我们正在目击一种易来易去的政治，离下一场政治请愿永远都只有一次鼠标点击之遥；这种技术形态鼓励问题的游移，个人总是从一个焦点转向另一个焦点，从一个网站转向另一个网站，没有什么承诺，甚至没有什么思想；在那里，集体政治身份的记忆短暂，很容易被删去。

以上两种评估都是不完整的。第一种路径更令人激动，更振奋人心，聚焦于被煽起的激情和达成的抗争，但它忽略了占主导地位的环境，也忽略了权力和控制的具体语境。第二种路径比较冷静，常常愤世嫉俗，却忽略了真实或潜在政治团结的体认，忽略了人们对一种尚未到来的民主的渴望。

无论你从哪条路子去看问题，互联网都位于数字时代激进政治的中心：它激发了地方的造势活动，推动了跨国的政治运动。激进分子把集体行动和个人的主观色彩结合起来，把政治忠诚的个人表达和网络语境中的公共论辩混合起来，使行动和论辩的空间从地方/国家级的媒介扩张到“全球性”的峰会和网络，比如欧洲社会论坛（European Social Forum）和世界社会论坛（World Social Forum）。[1]跨国激进政治和民族国家内部的反政治（counter-politics）的显著差别之一是，跨国激进政治缺乏一个共同的政治身份，不接受一个广泛的、统揽一切的元叙事组织比如社会主义或共产主义。更准确地说，跨国激进政治的形式特征是多样性和广泛性，宛若网络之网，是一种非代表性的政治；在这里，谁也不代表谁说话，意见分歧被公开接受了。

互联网能被用于激进的对抗，这样的功能被描绘为互联网的中介活动，其目的是提高人们的觉悟，让没有发言权的人发声，赋予他们社会能力，使分散的人和事业组织起来、结成联盟，最终目的是把互联网用做社会变革的工具。一点击鼠标就能形成网络、建构联盟，这使人觉得，互联网能促成对抗性政治运动，并使之跨越国界，在广泛的共同主题下把多种话题融合起来，不过，这些主题随时会发生变化。

有时，这种激进政治以新社会运动的形式出现，这些运动常常是混杂的、矛盾的和偶发的，含有大量不同的声音和经验。另一些时候，展示出来的对抗性政治是群体、组织和个人的联盟，成员有政治亲近性，在特定的时刻联合。一方面是联盟内部的分歧和激进政治路径的差异，另一方面是对共同事业或关切的集体回应，对许多行动分子来说，政治困境由此而生。但这些困境正是激进政治的固有特色，对理解这种政治形式的活力至关重要，激进政治偏爱用多种立场和视角运行，常常用高度个人化的路径行事；在此，激进政治和传统的阶级政治刚好相反，阶级政治倚重的是已确立的政治学说。

互联网还有一个很适合激进政治的特征：它更容易与年轻人建立密切联系（如 Ester and Vinken，2003；Livingstone and Bovill，2002；Loader，2007）。年轻人特别容易脱离主流政治（如 Park 2004；Wilkinson and Mulgan，1995），特别喜欢上网（Livingstone et al.，2005；Ofcom，2010）。讨论年轻人与政治的大量文献大致分为两类：一种谈不满的年轻人，一种谈公民态度的脱位（displacement）（Loader，2007）。 151

第一类文献讲述在正统的国内政党选举中参加投票的年轻人正在减少，显示年轻人与社会核心制度广泛的疏离，并就这种变化的远期危险发出警报（Wilkinson and Mulgan，1995）。在第二类文献里，参与传统国家政治（state politics）的情况出现了脱位："年轻人对政治的兴趣未必不如老一辈人，但传统政治活动似乎不适合应对当代青年文化的关切"（Loader，2007：1）。取而代之的情况是，公民社会或公民社会的某些部分被推到了前台，成了公共信赖、信息和表征的另类舞台。有人认为，出于政治动机，年轻人往往看重非主流的政治场域，例如非政府组织和新社会运动活跃的场域；他们看重政治行动主义的另类形式，在强势公共空间的边缘活动（Bennett，2005；Hill and Hughes，1998；Kahn and Kellner，2004，2007）。还有人进一步说，这类政治参与形式更适合社会碎片化的经验和公民的个人主义感（Loader，2007），和网上交流的结构和性质兼容——互联网是年轻人非常熟悉的传播媒介。

技术、青年和反传统政治互相促进，它们的结合使互联网特别适合当代（跨国）的政治行动主义。互联网具有多样性和互动性的双重特性，人们常常将互联网的双重性与其激进的解放潜能联系在一起。这些备受赞誉的特征同时指明了网上政治的性质，与之相关的是抗议而不是长期的政治改良工程（Fenton，2006）：努力参与和发声，但不确定甚至不设想特有的政策，也不确定直接的政治后果或终极目标。在一定程度上，这并不新奇。激进政治始终站在动员抗议和示威的前列，愿意并渴望参与这种政治行动正是"激进"的界定性特征之一。前所未有的特征是，现在的激进政治发生时有一个跨国的基础，速度也快，结果是网络越来越复杂，表达的情绪很强烈，对抗的行动高度个人化。就性质而言，这类新形式的斗争寓于社会关系多样性的政治表达中，明确表示不接受传统左翼政治里的政治叙事教条；有些行动主义者认为，传统的左翼政治的认识和价值都过时了。 152

第二节　互联网与激进政治：多样性

十多年前，克莱恩（Klein，2000）就指出，互联网促进非政府组织的国际交流，使抗议者能在国际层面上对地方性事件做出回应，他们只需要最低限度的资源和文牍。抗议者在国际范围内分享经验和策略，互通声气，使地方性的抗议运动声势大增。克莱恩认为，互联网不止是组织工具，而且是政治抗议新形式的组织模式，这种新形式是国际的、去中心化的，兴趣多样但目标相同；不过这些目标可能永远处在争论之中。

索尔特（Salter，2003）也断言，互联网是有助于民主传播的新奇的技术资产，因为它具有去中心化的、文本的功能，其内容多半是用户提供的。以此为基础，互联网契合了当代激进政治的特征：和过去的阶级政治和党派政治相比，当代激进政治在更加流动的、非正式的行动网络中运行；这种政治没有成员登记表、组织条例，也没有其他组织手段，但可能有相对显豁的时期和相对隐匿的时期。

克莱恩和索尔特描绘的是一种新兴的政治形式，在一定程度上，它是从新的社会运动发展起来的。这种政治形式不能用政党名称或明确的意识形态来认定，且常常发生形式、路径和使命的快速变化。这些对抗政治形式可能有一个具体的基地，但可能很快就超越具体的地区；它们通常是非等级制的，有开放的协议和开放的传播，有自我生成的信息和身份，通过行动主义和行动主义者的网络运行。这种网络坚决反对官僚主义、反对集中化，怀疑大型组织的、正式的和制度性的政治。再者，新传播技术能在全球范围内运行，能在各种社会和政治语境中对全球经济议程做出回应；这就是说，网络上可能有无穷多样的声音，在关键的抗议事件中，这些声音可能合流，但它们出自不同的语境，其背景可能会五花八门。

这些激进政治形式的核心存在着变异性和流动性，尽管差异纷呈，但它们还是建立在一定程度的共性之上；不过，这样的共性并不带有昔日团结工会那种阶级/劳工形貌。价值系统和政治理解的共同要素将这些政治网络的参与者聚在一起；不过，这些共同要素可能会时常变化（della Porta and Diani，1999；Keck and Sikkink，1998）。这种政治固然珍惜团结，但其团结建立在尊重差异的价值之上，这种价值不只是简单地尊重差异，还包容不同的声音。马恰特（Marchart，2007）把这种政治称为“后基础论政治”（post-foundational politics），另

153

有一些人断言，新媒体造就的空间使更广阔的声音和材料传递给更多的受众，使人不必遵从具体的政治教条或方向，只需要表达和某一事件相契合的意见（Dean et al.，2006；Terranova，2004；Tormey，2005，2006）。

在这个领域几位作者的笔下，反全球化运动是这种激进政治最早的跨国展示之一，不过在此之前，许多国家就有过这类政治运动的前身了，例子之一是英国的"自己动手运动"（DIY movements）（McKay，1998）。然而，"西雅图之战"（Battle of Seattle）才使全世界注意到反全球化（亦名另类全球化或社会公众）运动。1999年11月30日，劳工和环境行动主义者在西雅图集会，试图阻止世界贸易组织的代表开会。加入抗议行列的有消费者保护运动、反资本主义运动等草根运动的人士。有人统计，同一时间有87个国家的1 200个非政府组织参与了抗议，它们呼吁世贸组织进行一揽子改革，许多人在自己的国家发起抗议（Guardian Online，25.11.99，p.4）。有些抗议组织把互联网纳入自己的战略。"国际公民社会"（International Civil Society）网站每小时更新一次西雅图抗议的重要新闻，接收其信息的网络由80个国家的700个非政府组织建设（Norris，2002）。许多独立的或另类的媒介组织和行动分子联手创建了独立媒体中心（Independent Media Centre），以便从草根层次来报道西雅图的抗议活动。该中心成了各路记者的信息交换所，其网站提供最新的报道、图片、声频和视频。中心还出版网报，在西雅图和其他城市发行，设在西雅图的广播电台通过网络播送数以百计的声频。在西雅图抗议期间，该网站采用开放的出版系统，点击量达200万次，支持它的媒体有美国在线、雅虎、CNN和BBC网站等。

这次西雅图示威被视为国际互联网行动主义成功的预兆。次年，数以百计的媒介活跃人士创建独立媒体中心，这些网站遍及伦敦、加拿大、墨西哥城、布拉格、比利时、法国和意大利。此后，独立媒体中心遍及五大洲，成了日益壮大的网络新闻的另一种选择，它们为具有进步色彩的政治报道提供了互动的平台；这些报道反映的是"为世界和平、自由、合作、公正和团结而奋斗；反对环境退化、新自由主义的剥削、战争、种族主义和父权制；这些报道涵盖面广，涉及许多问题和社会运动，从社区运动到草根动员，从批判分析到直接行动"（http：//london.indymedia.org/pages/mission-statement，February 2011）。

其他网络群体的新闻取向不那么明显，其存在显然是为了推进政治行动。*154* "数字行动网"（DigiActive）完全由自愿者组成，其宗旨是帮助全世界的草根行动主义者使用互联网和移动电话，以加强其影响力，目标是借助数字技术来建立一个使行动主义者更强大、更有效的世界。“数字行动网”的创建者相信，数字工具是一条表达尚未开发的人民力量的康庄大道：

> 互联网和移动电话之类的工具使我们能与有着相同关切的人交流，以传达变革的信息，以组织并改造我们自己，去向政府游说，去参与行动。我们将这些行动统称为数字行动主义：公民借用这些数字工具去实施社会和政治变革。之所以要创建“数字行动网”，那是因为我们需要推进世界各地的数字行动主义活动。
>
> （http：//www. digiactive. org/about/）

许多类似的群体也具有类似的宗旨，比如赛博异见者（Cyberdissidents）、战术技术集团（Tactical Technology Collective）、进步传播协会（Association for Progressvie Communication）、反恐精英（Counterfire）、网络罢工（Netstrike）、电子嬉皮（Electrohippies）、电子干扰场（Electronic Disturbance Theatre）等。有人断言，这类群体使网络传播无限扩张，能提高网民觉悟（Hampton and Wellman，2003；Wellman et al.，2001），推进行动主义者在多种平台上的国际交流，为他们提供大量议题和多样性的政治视角。当然，还有另一些群体登场，它们聚焦于各自的运动，但不久就衰落了。根基扎实的非政府组织、工会等对抗性的政治平台也在网上动员和组织力量，其影响不容小觑。由于网络传播的便利，这种广泛的包罗性得到进一步提升，使抗议者能在资源极少的情况下回应地域性的事件，在国际范围内行动。

第三节 多样性抑或是单纯的数量增加？

然而，稍许深挖一下就会发现，可供选择的无限多样性显然就受到挑战了。数字鸿沟的研究（第一章）发现，和不上网的人相比，互联网用户比较年轻、文化程度比较高、比较富有、更可能是男人而不是女人，更可能在城市生活（Norris，2001；Warschauer，2003）。这些差异不仅适用于互联网的普及情况、南北半球之间的巨大鸿沟；还适用于发达国家里的网上活动、传统的富人穷人之间的鸿沟，也适用于垄断公共话语的文化水平高的中产阶级和边缘人或被排斥者之间的鸿沟（Hindman，2008）。看来，多样性是幸运者保留的权利。“数字行动网”（2009）的调查显示，数字行动主义者，尤其那些发展中国家里的数字行动主义

155

者，很可能是每月付费坐在家里上网的人；和一般人相比，他们更可能是支付高速网络费的白领，他们的社区能上网。简言之，数字行动主义者可能是富裕的人。“数字行动网”还发现，使用互联网的强度是决定数字行动主义的关键因素，简单地上上网不是关键因素。只有那些有财力付费的人或白领，才可能高强度地使用互联网；在他们的生活工作区，互联网是普及的。与此相似，手机功能比较多的人，比如手机能上网且有视频和 GPS 功能的人，更可能用手机参与政治行动。这是政治参与的另一个重要的财力指针：从量来看，他们技术上有更多的上网机会；从质来看，他们的设备更好。结论很简单。互联网有民主化的功能，但最强烈感觉到这种影响的是全球的中产阶级。

这不是要贬低互联网被用于抵抗政治运动的功能，它被用于政治动员所能传播的范围的确很广。我们目击了许多所谓的“Twitter 革命”，伊朗、摩尔多瓦、突尼斯、埃及就发生了这样的革命。当然，每一场这样的社会起义都是技术推动的（不是技术体现的）。革命之后，技术的支持并未消减。米拉迪（Miladi，2011：4）讲述 2011 年突尼斯的革命时声称：

> Facebook 和 Twitter 一类的社交网站如雨后春笋般出现，这是促成抗议局势升级的最重要的因素。成千上万的人加入 Facebook 小组，了解新闻动态，动员进一步行动……博主们证明，他们不仅能挑战国家控制的媒体、其他的独立（自我审查）报纸和电台，而且能挑战政府的话语，能自己讲述正在发生什么事情。

但如第五章所示，互联网也是监视和监管的主要场所。在突尼斯起义期间，有些 Facebook 用户发现他们的账号被政府修改了。有人报告（Elkin，2011），突尼斯互联网管理局（Tunisian Internet Agency）把 JavaScript 植入互联网页面，以窃取用户在谷歌、雅虎和 Facebook 上的名字和密码，网民的敏感信息不知不觉间就被窃取了。据此，政府迅速删除 Facebook 的账号和小组。

除了国家的审查和互联网行动主义者被问罪之外，我们还应该记得给网上的阴暗角落投去一束阳光，看看那些社会运动的推动者及其所作所为。2008 年成立的青年运动联盟（Alliance of Youth Movements）是一个非政府组织，旨在帮助草根行动分子培养能力、实施社会变革。同年，它在纽约市的成立峰会上宣告：“确认、召集并参与 21 世纪的网络运动，此乃历史首创（http：//www.movements.org/blog/entry/welcome)”。2011 年，它推出自己的网站“运动网 *156*

站”（Movements. org）。网站的创建人之一是贾里德·科恩（Jared Cohen），他是谷歌智库 Google Ideas 的主管、美国外交关系委员会（Council on Foreign Relations）的兼职研究员；他在该委员会的研究重点是：恐怖主义、反激进化以及技术与“21 世纪治国术”联系所产生的冲击。

21 世纪的治国术是美国外交战略新路径的组成部分，被誉为回应数字时代尤其是数字行动主义的一条路径。它宣称要使美国外交超越政府对政府而走向公民社会，用互联网去重塑发展和外交议程，调整国家干预政策。“这就是 21 世纪的治国术——用革新和调整的治国工具来补足传统的外交政策，充分利用我们互联互通的世界里的网络、技术和人口统计数据的杠杆作用。”（Ross，2011）此前，贾里德·科恩曾在赖斯和希拉里·克林顿两任国务卿手下供职，在美国国务院政策计划司工作了四年。在任内，他就中东、南亚、反恐、反激进化等事务提供资信，当然，他的工作还包括“21 世纪的治国术”的议程。

“运动网站”的另一位创建人杰森·里布曼（Jason Liebman）还与他人合办了“如何传播”（Howcast Media）网站。该网站的多媒体平台上每月流通的视频数以千万计。它还直接与品牌、代理和组织合作，与 GE、宝洁公司、柯达、1-800-Flowers. com、史泰博（Staples）、美国国务院、美国国防部、美国红十字会、福特汽车公司等结成伙伴关系；合作开发的产品有定制品牌娱乐节目、创新的社交媒体、目标受众明确且内容丰富的媒体宣传。创建“如何传播”之前，里布曼在谷歌任职四年，负责为 YouTube、谷歌视频和谷歌广告联盟（Google Adsense）日益增加的内容授权及货币化关系进行整合。谷歌收购“应用语义学”（Applied Semantics）网站之前，他在“应用语义学”有多项任职，其中一项是销售和商务开发部执行副总裁，监管谷歌广告联盟之类新开发的货币化产品，向网络出版商推荐。在事业生涯的初期，他在瑞信银行（Credit Suisse）负责投资理财。

当然，这未必意味着，公司的工作经验、与美国政府的直接联系和与谷歌的明显关系必然会导致令人生疑的做法和国家策划的网络行动。毫无疑问，积极参与“运动网站”峰会的人都是真诚的，他们一心一意谋划进步的社会政治议程。但躲在峰会背后的赞助商（百事可乐、谷歌、MTV、CBS 新闻、爱德曼公关［Edelman］、“如何传播”、社交网站 Meetup、手机应用服务商 Mobile Accord、YouTube、Facebook、微软网络服务［MSN］、国家地理、宏盟集团［Omnicom Group］、市场咨询公司、Access 360、“下一代”网站［Gen next］），以及推动这次峰会的“21世纪的治国术”议程都是极有权势的“国家—公司联合体”，它们联手在世界各地的“问题地区”鼓动行动主义，所谓“问题地区”是美国国务院希望看到“变天”的地区。卡塔鲁奇（Cartalucci，2011：2）断言：“只要是有示威和抗议运动试图推翻政府的地方，只要这些政府与美国议程不合，你都会看到‘运动网站’在那里支持鼓动。”无论你从什么角度去看这个问题，谷歌、Facebook、Twitter、美国国务院和“运动网站”的关系都是令人生疑的；毫不犹豫地赞颂新技术触发激进对抗政治可能性，看来是太天真了。 157

对于那些向Twitter之类的网站兜售革命说教的人，我们有一个简单的回敬。但言者谆谆，听者渺渺。说教者须知，除非从观念上弄清权力，对抗的政治行动和互联网的关系是难以充分认识的；我们要知道：谁拥有权力，什么情况下拥有权力，权力是如何显现的？这是理解一切社会变革和政治运动的起点，连社会运动内部的变化和动荡也需要从这一点去理解。虽然这一点很重要，但它不仅仅是政治经济学的问题，它还要我们考虑政治生活和公民责权的社会向度——什么力量使人聚集？他们为什么要谋求团结？在权力关系和社会关系之外去理解政治，无异于缘木求鱼。我们要了解政治的构成要素，了解经济、社会和技术，同时又更好地理解其中的权力性质，要通过具体的社会地理透镜去解释这些要素——只有这样，我们才能解释互联网的作用，才能解释它在复杂的现代生活里扮演的角色。

下一节的例子能说明这个观点。

第四节　英国学生的抗议，2010年秋天和2011年冬天的故事

我们看看英国学生2010年秋天和2011年冬天的抗议。英国政府宣告，准备将大学学费提高两倍，涨到一年9 000英镑，还要取消对艺术、人文社科专业的教学补贴，同时将科学、技术和工程类专业的教学补贴减少40%。这一宣告旋即引爆一连串大规模的示威、集会抗议和校园占领运动。2010年11月10日伦敦的第一次大规模示威就有5万人参加，大多数参与者都是年轻人，许多人还是第一次参加抗议活动；与此同时，许多人包括家长发表讲话，他们担心，高等教育不再向大多数英国人敞开大门，许多人将无力偿还就读私立大学所欠下的债务（Solomon，2011）。和许多反政府的宣传一样，这次抗议也利用互联网提供与政

府唱反调的讯息，并传播示威者的提议；这次运动组织抗议事件，调动示威者，传播文化异见。这些举措使许多人觉得，他们参与了抗议，表达了愤怒。在关心示威、参与示威的人中，互联网有助于形成政治上团结、充满希望、赋权和充满可能性的氛围。对在校生来说，由于他们还不到选举年龄，政府的政策建议将给他们造成最大的损失，所以社交媒体给他们打开了一个百宝箱，赋予他们大量表达抗议的手段；这就成了鼓动他们参与街头抗议的关键因素。Facebook 的小组支持抗议活动，尤其支持学生占领校园；协商、发声和联系的局面随即形成，在有互联网之前，形成这样的局面会困难得多。

158

抗议者声称，他们能在网上组织起来，绕开再也不能代表他们的机构，把命运掌握在自己手里（Casserly，2011）。实时更新的 Twitter 上了主流媒体的网站，参与现场行动的人受邀发表评论，使得"暴民"、"恶棍"和"罪犯"这类对他们的定性受到质疑，同时又凸显了警方的粗暴执法，批评了警方为遏制抗议者所用的"灌壶"（kettling）战术。[2] YouTube 的视频显示了骑警冲进示威人群的情景，此前警方曾经否认这样的冲击（Solomon，2011）。诚然，互联网有助于示威和示威者的组织，显示了抗议那一刻的激情，凸显了示威者愤愤不平的感觉，但互联网本身并没有制造政治异见。政治异见是许多因素的产物，政府是一个重要因素。这届英国政府由保守党和自由民主党联合执政，在竞选的过程中，两个政党都高调宣示减免学生学费。同样重要的一个因素是，他们上台才 4 个月，在第一个紧急综合支出审查中就实施"紧缩政策"，以减少财政赤字。可是，这两个政党在选举前的宣示和造势中，对紧缩的可能性绝口不提（Deacon et al.，2011）。简而言之，示威者们觉得，代议制民主失败了。一位示威者说：

> 事情越来越明显：我们有生以来受鼓励去达成变革的"民主渠道"完全失败了，过时了。它们全然是幻觉。造成"抗议——睡觉——再抗议——再睡觉"循环的原因就在这里。你行使了抗议的权利，但屁大的效果都没有……他们知道法律是你的极限……抗议不再能解决问题。
>
> （转引自 Killick，2011）

这是对民主程序公然的政治漠视，给 20 多年来对政党和政客的不信任雪上加霜（Guardian Euro Poll，2011）。对民主程序公然漠视的最新表现是一连串政治丑闻，政客把私利置于公共利益之上。如果不了解这样的政治历史，政治抗议、互联网用于动员异见和民主行动都是难以理解的。

159

在英国，政治行动主义的当代语境，以及传统主流政治参与的缺乏，表明了几个互相关联的因素。政治职业化的后果是，公众不再那么相信代议制民主，而是更加怀疑代议制民主；在汇聚公共舆论的民意调查中，他们常常被剥夺了发声的机会。新媒体技术提供了民主实践形式的潜能，具有参与性民主和直接民主的特征，但这些特征难以整合进全球化的新自由主义社会，这种社会转向代议制民主的目的是管理大众、确保其影响力。当选举式民主注定失败时，如果一种技术被认为有助于个人控制，能规避和"智胜"国家，人们一定会乐意接受它。人们觉得它民主，因为它给人的感觉是有活力，像有生命的有机体；这个过程是参与者引导的，他们觉得自己与技术相联，成了宏大事业的一部分，由此产生了对抗政治运动的可能性。

然而，网上对抗政治可能性的诱惑力同时也讲述着另一个警醒世人的故事。在学生抗议活动中，互联网使对抗政治的策略更加碎片化，使传统对抗政治内的代议制民主更加困难，比如，传统的英国全国学生联合会（National Union of Students）和高校联盟（Universities and Colleges Union）的运作更加困难了（Grant，2011；Killick，2011）。在网络对抗政治的环境中，人人有发言权，表态的平台很多，但没有一个制度能容纳、构架或协调全部的声音，于是，碎片化和政治消解随之发生——这就是数字时代工会的焦虑（Ward and Lusoli，2003）。

2011年1月，曼彻斯特爆发了又一波抗议浪潮，学生抗议学费上涨、高校拨款削减。英国全国学生联合会的时任主席亚伦·波特（Aaron Porter）遭到炮轰，示威者指责他不能充分代表他们的观点。波特试图让全国学生联合会与暴烈的抗议活动拉开距离，学生们指责他接受政府"体制"内的路线（Salter，2011）。从政治组织的老套观点看，互联网引发的多种多样的观点会出现问题。人们追随网络内容和Twitter言论，碎片似的小组急剧发展，新的小组有时与现有的组织者（如工会）发生冲突，常常与身份明确的社群（如"反对削减经费艺术家联盟"[Artists Against the Cuts]）发生冲突；在这个过程中，示威的信息失控了，甚至示威或抗议本身都失控了。这给等级制的政治组织造成实实在在的困难，因为它们想要指导精心协调的运动。伦敦大学金史密斯学院的学生会主席詹姆斯·海伍德（James Haywood）指出：

> 米尔班（Millbank）爆发的示威并没有激励更多的人加入抗议者的行列；相反，它决定性地改变了英国人对抗议活动的态度。如今，一望而知的

趋势是，尤其在比较年轻的学生中，示威正在变味：人们想去哪里示威就去哪里示威，他们冲破警察的堵截，寻找可以占领的建筑。谁也不等学生会和组织者的指令。这是全新的现象。

160

（Haywood，2011：69）

实际上，以上学生运动漏洞很多，却又比传统政治更富有活力。上述英国学生运动的运行既是横向的，也是纵向的（Tormey，2006）；相反，在基于等级制的系统（传统的工会和学生会）里，集中化组织力量的活力受到抗拒者网络推平力量的挑战。这种网络政治形式联系边缘化群体、建构唱对台戏的话语，坚持政治身份和观点的多样性，坚持多样的政治行动路径，始终不愿意建构通行的政治。

诚然，将这种有组织或乱糟糟的政治行动和行动主义斥之为过时，当然是轻而易举，实际上许多新闻报道就唱这样的调子。然而，试图理解新社会运动的多样性和横向性时，由于它们和传统的阶级政治截然不同，我们还必须考虑代议制政治：一个人如何能不偏不倚、均衡平等地代表许多不同的观点呢？一旦提出这个问题，我们就要考察嵌入自由至上的民主观念的许多预设。既然当选的代表并不能为许多人的意见负责，如果基于其上的自由至上民主被认为注定在若干关键之处失败了，那么，谋求挑战这些预设的对抗政治的出现就不值得大惊小怪。

当然，对不同地域不同的人而言，民主意味着不同的东西。于是，一个问题就冒了出来：用新社会运动的话说，许多网上政治活动的特征似乎是多样性和互动性，但多样性和互动性的概念是否适用于一切语境呢？或者说，我们是否再次受害，不知不觉间接受了彻底西方化的理论和政治解释呢？

第五节 “绿色革命”：伊朗，2009

我们再分析另一个例子。2009年6月，伊朗的总统选举引发了政局不稳，总统马哈茂德·艾哈迈迪-内贾德（Mahmoud Ahmadinejad）连任成功，官方公布的数字是，在85%的投票率中，他获得了62.6%的选票。改革派候选人米尔-侯赛因·穆萨维（Mir Hossein Mousavi）的支持者声称内贾德选举作弊，不顾抗议禁令，与德黑兰的防暴警察发生冲突。由于记者采访受限，伊朗的抗议者用

Twitter 这种社交网站与外界交流，点燃了全球的抗议浪潮。伊朗的第十届总统选举是在特殊的语境下进行的：伊朗政府有一位最高领袖阿亚图拉·哈梅内伊（Ayatollah Ali Khamenei），其权势在民选总统之上；三分之二应用是年轻人，出生于 1979 年革命之后，他们更倾向于使用社交媒体。 161

2005 年伊朗的互联网用户尚不到 100 万，2008 年就增加到 2 300 万；据估计，2009 年上网的人就达伊朗总人口的 35%；使用短信的成年人从 2006 年的 30%跳升到 2009 年的 49%。虽然自 1994 年起伊朗政府就禁止使用卫星电视和碟形卫星天线，但 2009 年看卫星电视的人还是达到 7 000 万总人口的 25%。在原有 BBC 波斯语电视节目、BBC 广播电台、BBC 网站的基础上，2009 年 1 月，BBC 又开办了波斯语电视台——这些节目和网站都被伊朗当局屏蔽了（Ilves，2009）。BBC 收到数以千计披露伊朗国内情况的电子邮件、照片和视频，这些节目不仅在 BBC 波斯语电视台播放，而且在 BBC 英国国内的电视频道中播出，在 BBC 世界新闻电视台和 BBC 国际广播电台播送，而且在 BBC 网站流通（Ghoddosi，2009）。

选举前，德黑兰的外国记者寥寥可数；民众抗议期间，外国记者被驱逐出境（Choudhari，2009）。包括 BBC 在内的国际新闻组织的广播被干扰，它们的网站被屏蔽。抗议结束之后，伊朗本国的新闻媒体受到攻击，几家参与抗议活动的报纸被关闭。

在选举期间，政府控制网速，以压制出境的信息，Facebook、YouTube 等社交网站被屏蔽，但 Twitter 继续运行，因为它和短信服务（SMS）兼容。而且，有些地区的手机接收功能被屏蔽之后，Twitter 仍然能靠“中继”网站恢复。开票前夕，短信流量急剧增长，伊朗国内许多消息灵通人士报告，伊朗的短信服务在开票前几个小时关闭了。到了投票那一天，德黑兰的一切移动电话服务都关闭了。

伊朗—Twitter 博弈的故事成为引人注目的媒介现象。美国国务院宣告，它要求 Twitter 公司推迟原计划的维护，因为正如国务卿希拉里·克林顿所言，“其他的信息源不多时，Twitter 传播线路畅通、使人分享信息尤其重要，这是让人民有权说话、能够组织的重要表现（Tapper，2009）”[3]。杰夫·贾维斯称其为应用程序接口（API）的革命（http：//www.buzzmachine.com/2009/06/17/the-api-revolution/），其所指是：借用第三方的应用程序来“使用”其他应用软件，比如，移动电话服务商可以用这种办法把短信传给 Twitter。克莱·舍基把伊朗—Twitter 的博弈称为“大事”（http：//blog.ted.com/2009/06qa_with_clay_ 162 sh. php)：

> 这是第一场由社交媒体推进、靠社交媒体转化而登上全球舞台的革命。全世界的人不仅倾听，而且在回应。他们与其他人交流，把自己的信息送给朋友，他们甚至提供详细的说明，用网络代理进行信息流通，使当局不能立即审查这些信息。

不过，准确判定伊朗国内 Twitter 的流通量的确有困难。侨居美国的伊朗人的 Twitter 推文往往用英语，虽然波斯语是网络上最常用的语言之一，但 Twitter 的界面不支持波斯语。许多人似乎在把许多推文送出伊朗，但 Twitter 在伊朗使用的情况还是令人生疑。洛杉矶一家波斯语网站的经理梅迪·亚赫亚内贾德（Mehdi Yahyanejad）说："Twitter 在伊朗的影响等于零。在这里，你听见纷纷攘攘的嗡嗡声，但只需一看，你就能发现，大多数推文是美国人之间的交流。"（转引自 Musgrove，2009）

这就提出了三个关键问题：第一，网络产生的大量的噪声和（错误的）信息使人难以分辨正确的信息和故意塞进的信息；第二，社交网站的首要关切并不是正误信息的平衡，在伊朗选举的例子中，大多数帖子都支持反对派的候选人米尔-侯赛因·穆萨维，因为他吸引了年轻的、计算机素养比较好的伊朗人以及西方的行动主义者；第三，社交媒体往往会放大不准确的信息，速度产生强大的势能，网络无休止地重复错误。在这个例子里，社交媒体反复宣称，300 万人参加了德黑兰的抗议活动。"Twitter 革命"的断言掩盖了更加深层、更加重要的关切：

> 脑袋简单的 Web 2.0 专家死死抓住伊朗那年夏天民众发泄不满的"Twitter 革命"。但这种技术决定论掩盖了长期的政治、文化和性别受挫，年轻人找不到创新和欲望的发泄渠道。所谓的"Twitter 革命"所做的解释非常虚弱；他们没有认识到，伊朗的政治结构和实践反复蒙受损失；也没有认识到，每一代人都需要重新建构政治结构和实践；亦没有认识到，政治业已转换为传播的形式。他们没有认识到，伊朗的数字技术大大发展了，但其控制也大大加强了。
>
> （Sreberny，2009）

也许更加重要的是，讨论伊朗博客的爆发时，斯雷伯尼和基亚巴尼（Sreberny and Khiabany，2010：xi）就指出，论述互联网和社会的文献里充斥着

163

大量“普世主义的臆断”，没有进行具体情况的批判性语境分析。这突出说明，如果不了解“伊朗革命的革命政治文化遗产、公民受压迫的感觉和经验、伊朗人喜欢的文化表达方式、他们离散的意义和经验，以及伊朗人根深蒂固的四海一家的观念”（2010：xi），我们就不可能理解 2009 年伊朗究竟发生了什么事情。如此，斯雷伯尼和基亚巴尼就主张，用多向度语境化的方法论去理解那一场“绿色革命”，这就能从深度和广度两方面去理解伊斯兰革命的社会政治和文化环境。

斯雷伯尼和基亚巴尼两人坚持有必要考虑语境，正好填补了卡斯特的遗漏；卡斯特的研究固然渊博，但他对“传播权力”（communication power）的评估毕竟概括过度了。卡斯特（2009：300）认为，如今，从事对抗政治的社会运动有机会从多种源头进入公共空间并推进变革，他所谓对抗政治是“瞄准政治变革（制度变革），与嵌入政治制度的逻辑切断联系的政治”。他用了四个案例：环保运动、民主全球化运动、2004 年 3 月遭受基地组织攻击后在西班牙兴起的自发运动和奥巴马的竞选活动，以此证明，社会运动试图重新规划传播网络、重新描绘符号环境的形貌，借以确立媒介反制力（counter-power）的手段。他列举的例子有：科学家、行动主义者、意见领袖和名人的网络；用娱乐和大众文化为政治事业服务；用社交网站（聚友网、Facebook 等）动员和组建网络；名人倡导；事件管理；另类网络媒体；视频共享平台（YouTube 等）；行动主义；街头剧场；靠手机支持的行动主义者的集会；网上筹款；奥巴马许诺希望和变革以激发热情和草根行动的政治风格；网上请愿；政治博客；互联网支持的去地域化的动员和微博战术。

按照卡斯特的观点，许多社会节点结合在一起，造成干预和操纵的多重前景，从而产生一种新的象征性的反作用力量，这种力量能改变占主导地位的表征形式。反制政治力量的回应（counter-political response）在网上膨胀，以至于离线环境里的力量也不能置之不理，于是大众媒介也做出适时的回应。社会节点利用横向传播网和主流媒体来表现自己的形象和信息，使自己实施社会政治变革的机会增加——“即使它们起步时在制度权力、财源或象征性合法地位中处于下风。”（Castells，2009：302）但如果只听凭建立在传播媒介之上的偶然机会，那似乎有几分冒险；那就没有从深度和广度上去考察，人民的力量如何战胜公司权力和国家权力，民主如何昌盛；那就会过分强调技术，就会伤害社会、政治和经济语境。

正如第五章所示，网络的固有属性未必就是就是政治属性，识别和宣传不公 164

平和不平等现象仅仅是政治行动的一部分。宣传政治国家（无论是威权主义的国家还是新自由主义的国家）的失败，组织反对它们的抗议活动，都可以通过团结力量的中介来开拓变革的前景，然而，传播媒介本身并不能达成政治经济体制的变革。

第六节　互动性、参与性和自主性

公民参与和政治参与常常被理解为基于公民的民主兴盛的前提。互联网促进参与，这是跨国的互联网行动主义成功关键因素。互联网的互动功能和参与功能加快和促进了人们在网上交流斗争经验，这是网上运动成功的关键因素，成功的例子有反全球化运动（Cleaver，1999）以及2011年中东支持民主的抗议运动（Ghannam，2011；Miladi，2011）。当代许多激进政治的网络动员推进了广泛的参与，这种参与的性质建立在个体自主的观念上，又直接与赞扬多样性和差异性的态度挂钩；所谓个体自主的观念是：能为自己的言行举止负责，同时又是集体运动的一分子；任何个人或中心的等级制都不能控制集体的运动。

没有任何人能为集体代言，每个人要控制自己的政治行动，这就是政治行动主义的原理，也是新社会运动网络政治的核心原理。最早明确接受和支持这种路径的社会运动之一是墨西哥的萨帕塔民族解放军（Zapatista Army of National Liberation），这场政治反叛矛头指向新自由主义的资本主义，尤其指向北美自由贸易协定（NAFTA），旨在谋求墨西哥恰帕斯州的独立，由“副司令”马科斯（Marcos）统领。这一运动有别于以前的政治运动，它对国家政权和等级制结构不感兴趣，其重点目标是独立自主和直接民主（Graeber，2002；Klein，2002）。这里的直接民主更强调选民的一致，而不是多数统治，直接民主公开要求人人参与政治。因此，它还强调互相联系和网络化，主张用互联网创造一个跨越全球的集体的政治身份（Atton，2007；Castells，1997；Kowal，2002；Ribeiro，1998）。马科斯拒绝接受领袖的地位，不使用任何指认他个人身份的姓名。恰帕斯州反叛者与墨西哥政府的冲突促生了人民全球行动网（People's Global Action network），该网又导致1999年西雅图的反全球化示威，以及全球正义运动（movement for global justice）的兴起（Day，2005；Graeber，2002；Holloway，2002）；凝聚这些运动的要素之一是互联网（Traugott，1995）。如此，互联网证明，激进政治能横向兴起，它采用网络的形式，而不采用等级制领导权的形式，

165

这使之有别于传统工会那种劳工政治。

自此，在当代激进政治的网络化的社会性里，自主性完成了概念化和实施的过程，而这一过程又是在与无政府主义和自主论马克思主义（autonomous Marxism）的联系中完成的。这些政治路径将互联网设想为永远开放的政治空间。从这个视角看问题，网络不接受网络化个人的表达，而且是自我建构的、非等级制的、以亲和为基础的人际关系的表现；这样的关系超越了国界，“自主性”（人人有权表达自己的政治身份）和“团结”（以战胜权力/新自由主义）观念的结合位于这种人际关系的核心（Graeber，2002：68）。

当代人参与激进政治的趋势和脱离传统政治的趋势是连在一起的，了解这一趋势就可以在一定程度上对上述政治进程做出解释。德拉·波尔塔（della Porta，2005）对行动主义者做了大量的访谈，她发现，他们对政党和代议制的不信任和他们对社会运动的信任有密切关系，和他们积极参与社会运动也有密切关系。制度性政治（institutional politics）和社会运动的区分是：制度性政治是官僚体制，以代表的委派为基础；社会运动以参与和直接民主为基础。这促使我们告别自由主义的协商性民主（liberal deliberative democracy）只有一条实现路径的观念：只有通过民族国家的传统政治结构，自由主义的协商民主才能实现。或者更加准确地说，这促使我们用去中心的民主去思考问题；去中心的民主摒弃只有单一社会改革目标的政治工程的现代主义版本，使一种更富有流动性的、可协商的社会秩序浮现；这是一种“多维度的多元权威结构，而不是只有一个单一的公共权威和权力”（Bohman，2004：148）。与此相似，本科勒（2006）认为，互联网有急剧改变民主实践的潜力，因为它有参与性和互动性。它使所有公民都能改变自己与公共空间的关系，使他们成为创造者和自主的主体，并参与社会生产。在这个意义上，互联网具有民主化的力量。

但扎根于自主性的参与成了激烈争论的话题，反驳者的根据是政治效率；他们认为，网络社会产生的是地方化、非集聚性、碎片化、多样化的和分割的政治身份。卡斯特早期的著作（1996）认为，新媒体的碎片化局限了新政治运动的潜力，参与者日益个人化使运动难以产生整合的策略。他还有另一个与此类似的基于去组织化（disorganization）的研究路径：大量的问题、信息的混乱，对分析问题和将行动整合进决策的过程构成挑战。他认为，问题的辩论和决策的形成在最好的情况下也是含糊的，在最坏情况下是难以捉摸的。然而，如果像卡斯特等人（Castells et al.，2006）一样，我们认为这个无所不包的路径导致碎片化和团结的消解，它最终就把我们引向这样一个结论：这是缺乏方向和政治力量的政治形166式。到2009年，卡斯特改变了初衷，其原因尚不清楚，但这可能与激进政治活动的大量增加、趋于激烈有关系。

然而即使我们同意，通过政治冲突，彼此联系的网络能够浮现出来、公民社会能够建立起来、社会变革能够发生，问题还是存在：碎片化的和多元化的对抗群体如何为实现自己的政治目标而运作呢？若要理解这种“后基础论的”（Marchart，2007）激进政治的研究路径，关键是要记住：任何终点都有许多可能性，任何可能性都有许多路径。把任何政治行动简化为单一终点的结构，把单一的终点当做一种理性的、排他性的研究路径，把其他的终点贬为拙劣的、错误的——这样的观点在许多人看来是不能接受的。毕竟，为什么要参与建立在他人说教之上的政治，并试图抹平分歧、排除异见呢？为什么要接受失败了的、陈腐的代表性政治的标志呢？

按照别人的说教去参与被理解为：试图消除不确定性和不可知性，并将政治简化为“事务的管理”的同质化理想。但这是被误导的同质化理想（Bhabha，1994）。人们认为，这就剔除了政治行动里的创造性和自主性。当代政治行动主义者探讨想象力和创造性的自主空间——可能的、开放的却难以预测的自主空间，他们试图规避意识形态政治，走向对话政治；在这样的空间里，我们承认分歧，向他人学习。这里的政治前提是反对还原主义，摒弃单一的过程或愿景，凝聚这种抵抗形式的是对不公正的共同感知，而不是对可能出现的有关“更美好世界”的确定性的憧憬。

但即使大家同意，碎片化的和多元的对抗群体能通过互联网实施政治干预，我们还是必须求解下一个阶段的问题：团结一致的政治（常常以人们不欲为之的事情为基础）怎么能通过分歧（常常以人们有意为之的事情为基础）来实现和维护呢？信守差异的价值、欣赏人人发表异见的权力就能维持整合力强的、有效的激进政治吗？

在社会运动的研究中，塔罗和德拉·波尔塔（Tarrow and della Porta，2005：237）断言，在线参与和离线参与是“深深扎根的四海一家的人”的关系（人们和群体植根于民族语境中，却被跨国网络中的接触和冲突联系在一起）。他们认为，人们的“多重规属性”（multiple belongings）（归属性交叠的现代主义者由多中心的网络联系起来）和“弹性的身份”（flexible identities）（其特征是包容性和正面强调多样性和杂交性）联系在一起（della Porta and Diani，1999；Keck and

Sikkink，1998）。托米（Tormey，2005）指出，这里的政治偏重日常生活的微权力（micro power）和微政治（micro politics），将矛头指向意识形态的主宰性能指（master-signifier）；“以此类推，围绕一个共同点的革命斗争联合，这就是‘运动’要建构或建设的任务”（Tormey，2005：403）。

我们还能看到，这一视点在德勒兹（Deleuze）和加塔利（Guattari）的《资本主义与精神分裂：一千个平台》（*A Thousand Plateaus*，1988：469－73）里得到了呼应。该书反对“多数主义”（majoritarianism），偏爱“少数主义立场”；“多数主义”认为，一定存在某种将“我们”团结起来的计划、工程、目标或终极目的，而“少数主义”摒弃那种终极本质主义的却毫无意义地寻求四海通用的蓝图。德勒兹和加塔利认为，为了抗拒被融入支配性的理想，有必要生成一些微政治能扎根和兴旺的空间。他们说，这种亲和性和创造性的空间能够建构行动主义者的微政治网络，这样的网络能在没有意识形态或策略的情况下融合、倍增和发展，这些网络建基于参与、学习、团结和增生。有人称之为“蜂拥而起”（swarming）——亲和性和结社性的网络结合，生成多重性抗拒和行动（Carty and Onyett，2006）。 *167*

哈特和内格里（Hardt and Negri，2000，2001）试图探讨“民众”（the Multitude）政治。这个研究课题成了许多人验证成果、寻求方向的参考源头；研究网上动员和跨国政治抗议的人将其作为主要的参考文献。哈特和内格里（2004）呼吁我们开拓激进的乌托邦意义的民主观念：“人人受制于人人”的绝对民主（2004：307）。他们认为，“民众”是实现这个课题的首要的和唯一的社会主体。他们笔下的“民众”是“个人聚合而成的开放网络，其基础是他们分享和生产的公共领域”；然而，这样的组合决不会将个体的巨大差异置于从属地位，决不会抹掉个体的巨大差异。个人在多节点的抵抗形式里聚集，不同的群体在流动性的网络中反复组合，表现出“相同的生活”（2004：202）。换句话说，个人和群体组成“民众”。因为“民众”既有多样性，又分享资本控制的“相同的生活”，所以“民众”里就有名副其实的民主成分。

“民众”能交流、结成联盟、缔造团结，而且常常通过反“民众”的资本主义网络来达此目的；因此，“民众”能产生共享的知识和思想；共享的知识和思想遂成为民主的抵抗平台，形成联盟，但这样的联盟决不会使离散的群体差异受制于联盟，也不会抹杀其差异。奥斯维尔（Oswell，2006：97）写道：

> “人民”的界定性特征是他们的身份以及他们和主权国家的关系，这个

词表征的是同质性，相反，“民众”的界定性特征是绝对的异质性，是由个体聚合而成的。

哈特和内格里（2004）指出，反全球化和反战抗议是民主的操练，人民渴望对对自己生活的世界产生重大影响的决策享有发言权，民主就是这样驱动的——这是跨国水平上的民主。然而，他们所呼吁的“新的民主科学”（2004：348）是难以界定的。至于“民众”如何站起来，如何发挥作用，他们并没有说清楚。拉克劳（Laclau，2004）和哈贝马斯（1998）都怀疑“多数主义”政治的宣示，也怀疑“民众”有生成意义重大的激进政治的能力。拉克劳（2004）把这一点称为政治的对立面，这是不发声、不表征、不制定战略的机制。这是没有结构的乌托邦，没有意义的普遍性。对抗性的运动不指示方向，不说明这种多样性的社群如何组成，它只行使抵抗的权利。

168

对新信息技术和传播技术成为平等和包容的传播的潜在源头，哈贝马斯流露出爱恨交织的矛盾心态。他指出，互联网非但不能保证政治动员和参与，反而可能会促成公民社会的碎片化：

> 系统和网络的发展使信息接触和交换成倍增长，但并不会导致主体间共享世界的扩张，也未必导致相关性、主题和矛盾等观念的话语交织，而政治公共空间是在这样的交织中产生的。看起来，谋划、交流和行动主体的意识同时扩张了和碎片化了。互联网产生的多样化的公众彼此隔绝，就像地球村的每个村子互相隔绝一样。迄今尚不清楚的是：以生命世界为中心的公共意识扩张了，但它是否能横贯系统分殊的语境呢？系统的发展已获独立性，但它们是否斩断了与政治传播产生的语境之间的纽带呢？
>
> （Habermas，1998：120-21）

哈贝马斯认为，对协商性民主而言，广义的多元主义是威胁，而不是救星。桑斯坦也表达了同样的关切。互联网上涌现出大量激进的网站和讨论小组，使公众绕开了大众传媒里比较温和而平衡的表达（由于技术的影响，大众传媒也受制于碎片化）。而且，这些网站往往只和观点类似的网站链接（Sunstein，2001：59）。诸如此类的发现还得到其他经验研究的支撑（如 Hill and Hughes，1998）。桑斯坦指出，我们正在目击一个群体两极分化的趋势（2001：65），而且这个趋势还可能随着时间的推移而更加极端。如此，桑斯坦断言，由于互联网的发展和多渠道广播的来临，运行良好的协商性民主的两个前提正受到威胁。这两个前提是：(1) 人们应该接触他们并未事前选择的材料；(2) 人们应该有一些相同的经验，以便在具体问题上达成共识（Downey and Fenton，2003)。

但正如墨菲（Mouffe，2005）所言，行使抵抗的权利、以多样的形式进行政治斗争和冲突依然是民主实践极端重要的事情；民主实践能产生多种形式的团结 *169* 和共同的行动，我们在2011年的中东就看到不少。凡是有政治冲突的地方，获取信息流通的手段总是首要的目的；在互联网的助推下，这类"革命的"信息迅速传开，变革的星火很快就形成燎原之势。抗议活动和政治斗争在互联网上快速形成、即时接力传递，这个流通过程远不是理性的，它鼓动情绪化的反应，这些抗议活动和政治斗争至今仍历历在目。这样的政治常常和威权主义政权下的压迫政治截然相对，和新自由主义民主政权索然无味、高度普及、没有魅力的政治也截然相对。

第七节　小结

年轻人脱离国家政治（state politics）的"公民离散"（civic disengagement）趋势日益增强；国家政治贯穿现代史，其宗旨是适应并服务"民族国家"。与脱离国家政治并行的是新传播技术的发展，两者的合力使政治兴趣和希望向新的领地迁移，而这个新领地是无边际的、全球性的。这是非常适合互联网的政治。但网络不是民主机构；网络不分配会员身份或公民身份，不遵从治理的立法模式，也不符合选举的代议制模式。网络之所以吸引年轻人，部分原因正在于以上这些特征。网络不同于常规的国家政治，同时又包容差异。如果说新媒体里正在浮现出一种新的政治，那么这种政治就是非代议制政治；就是情感性的对抗的政治，其中含有多样化的、矛盾的和偶发的经验。

达赫格伦（Dahlgren，2009）指出，公民文化（civic culture）是由若干因素形塑的。这些因素包括家庭和学校、群体环境、权力关系（含社会、阶级、性别和族群关系）、经济条件、法制和组织问题。他还指出，有权势的人能利用的资源更丰富；媒体通过其形式、内容、逻辑和使用方式，直接而经常地影响着公民文化的特性。至于互联网，他指出，其意义不仅见于社会制度的层次，而且见于人们混乱、矛盾的生活经验中。

一方面，当代网上的激进政治放大了"更有流动性的、基于问题的群体政治（group politics）转向，群体政治的制度连贯性比较小"（Bimber，1998：135)。

这是因为政治参与被整合进了日常事务，罕有指向政策的变化或资源的开拓。另一方面，这些社会行动被“雾化”了，表现时而聚焦、时而模糊，反映了公民参与向新形式转变，开辟了意见分歧而不是意见一致的公共领域。这些表现形式暗示，我们思考政治的方式被戏剧性地放大了，我们对社会变化机制的理解有了长足的进步。这些激进政治的形式是开放的，不存在形塑具体意识形态路径的首、中、尾三段元叙事。如此，它们是永不完结的、不言而喻的、体认式的，其重点放在横向的分享和知识的交换；这些行动和斗争的形式是高度自觉的、反身性的，其运行过程是永无止境、综合研究的动态过程。然而，既然强调多样性和创造性自主，我们就可能冒着风险，就可能满足于无所作为的结局（参见第五章），就可能失去减缓传播超载的重要手段，就没有明确的前进方向。再者，由于政治被简化为对分歧的宽容，被简化为无政府主义的、自主的政治，并且最终被简化为个人主义的政治，我们就可能提不出实质性的问题，就可能阻碍了变革的发生。

170

显然，情况并不像表面上那样明朗，有一点像做蛋奶酥的情况。无论你尝试多少次，你也不可能完全知道，它会膨胀还是会塌陷。但实际上，如果你做一点认真的研究，你就会发现，加一些条件就能使成功的可能性大增。选取的鸡蛋要新鲜，但又不能太新鲜，打蛋清要适度，烤箱的温度要调好。同理，对互联网促进政治变革的条件、民主运行所需要的条件，我们也要深思熟虑。全球资本主义生存发展得尚好，那不是偶然现象；它渐进性的变革也不可能取决于运气或机遇。

安德烈耶维奇（2007）断言，在信息社会里，信息产生的潜能有可能损害竞争，同时又可能产生新形式的支配和竞争。互联网产生并嵌入了资本主义的形式，同时又将抵抗的潜能推向前列；一旦条件成熟，这些潜能就能产生反政治和反政治运动——仿佛是烤制完美的蛋奶酥。但人们常常高估反抗潜能的膨胀，忽略了烤制蛋奶酥的用料和烤箱的温度。互联网表现出来的抵抗潜能有可能容许合作——这就是通过多样化锻造的团结；信息社会可能是合作的社会，它可能用参与式民主的前景诱惑我们，用直接民主的幽灵激发我们的兴趣。这一前景可能很诱人，它可能会使激进的、抵抗的和进步的社会政治幻境出现。但我们决不能忘记，这是要靠奋斗得来的，这样的空间必须是协调而系统的，否则它们就不能超越资本主义结构那种高度协调的、管理高明的、井井有条的限制。尽管传统左派集中化的政治错误不少，但如果急忙敲击“删除”键，那就等于是急急忙忙抹杀历史教训，而不是先从历史错误中吸取教训了。

在这本书里，我们试图将互联网置于看似简单的社会语境里，我们还力图求解人民对互联网传播与技术系统的关切。我们认为，当代互联网本身并不等于民主。在当代互联网与社会复杂的关系里，既有潜在的民主形成机制，也有潜在的反民主形成机制。这些关系的表现可能正好向我们暗示，什么样的战略适合于什么语境下的政治进步变革。在操作的层次上，由此产生的需求是构造真正的公民参与机制，是控制我们栖居的空间。这样的空间拥有国家关系的新形式；新的国家关系形式将公众的价值置于利润之上，将耐心置于生产率之上，将合作置于竞争之上。在最后一章里，我们将尝试分析如何实现这样的憧憬。 *171*

注释

[1] 世界社会论坛（WSF）已成为世界最大规模的社会运动与行动主义者的年会。用它自己的话说，它“为反全球化和另谋出路的认识提供了一个国际框架，组织起来，共同思考，旨在谋求人的发展，克服市场对国家和国际关系的压制”（WSF official website，March 2011）。欧洲社会论坛（ESF）在世界社会论坛成功的基础上兴起。欧洲社会论坛前两届会议分别在佛罗伦萨（2002）和巴黎（2003）举行，吸引了来自欧洲和其他地区的 50 000 余名与会者。2004 年 10 月，近 70 个国家的 20 000 多名代表参加了在伦敦举行的欧洲社会论坛。

[2]“灌壶”（kettling）战术是英国警方管控大批抗议群众的策略，常用于这样的示威中。大批警察形成包围圈，把示威群众控制在一个不大的区域。示威者只能从警方指定的一个出口离开，还可能被堵住不能离开。抗议者常常长时间内得不到食物和饮水，也不能如厕。警方对付示威的“灌壶”战术常受到违犯人权的指责。

[3] 相反，一年以后维基解密公布美国国防部的信息时，时任美国国务卿希拉里·克林顿却说，这是“对国际社会、联盟、伙伴关系的攻击，是对确保全球安全推进经济繁荣的公约和协商的攻击”（Connolly，2010）。

参考文献

Andrejevic，M.（2004） ‘The Web Cam Subculture and the Digital Enclosure’，in N. Couldry and A. McCarthy（eds）*MediaSpace：Place，Scale and Culture in a Media Age*，London：Routledge，193－209.

—— (2007) *iSpy: Surveillance and Power in the Interactive Era*, Kansas: University of Kansas Press.

Atton, C. (2007) 'A Brief History: The Web and Interactive Media', in K. Coyer, T. Dowmunt and A. Fountain (eds) *The Alternative Media Handbook*, London: Routledge, 59 - 65.

172 Benkler, Y (2006) *The Wealth of Networks: How Social Production Transforms Markets and Freedom*, New Haven: Yale University Press.

Bennett, W. L. (2005) 'Social Movements Beyond Borders: Understanding Two Eras of Transnational Activism', in D. della Porta and S. Tarrow (eds) *Transnational Protest and Global Activism*, Lanham, MD: Rowman and Littlefield, 203 - 27.

Bhabha, H. (1994) *The Location of Culture*, London: Routledge.

Bimber, B. (1998) 'The Internet and Political Transformation: Populism, Community and Accelerated Pluralism', *Polity* 3: 133 - 60.

Bohman, J. (2004) 'Expanding Dialogue: the Internet, the Public Sphere and the Prospects for Transnational Democracy', in N. Crossley and J. M. Roberts (eds) *After Habermas: New Perspectives on the Public Sphere*, London: Blackwell, 131 - 56.

Cartalucci, T. (2011) 'Google's Revolution Factory-Alliance of Youth Movements: Color Revolution 2.0', Global Research. ca, Centre for Research on Globalisation. Online. Available HTTP: <http://www.globalresearch.ca/index.php?context=va&aid=23283> (accessed June 2011).

Carty, V. and Onyett, J. (2006) 'Protest, Cyberactivism and New Social Movements: The Reemergence of the Peace Movement Post 9/11', *Social Movement Studies* 5 (3): 229 - 49.

Casserly, J. (2011) 'The Art of Occupation', in C. Solomon and T. Palmieri (eds) *Springtime: The New Student Rebellions*, London: Verso, 71 - 76.

Castells, M. (1996) *The Rise of the Network Society. Vol. 1 The Information Age: Economy, Society and Culture*, Oxford: Blackwell.

—— (1997) *The Power of Identity*, Cambridge, MA: Blackwell.

—— (2009) *Communication Power*, Oxford: Oxford University Press.

Castells, M., Fernandez-Ardevol, J., Linchuan Qiu, J. and Sey, A. (2006) *Mobile Communication and Society*, Cambridge, MA: MIT Press.

Choudhari, H. (2009) 'Beating the Reporting Ban in Iran', in *World Agenda: Behind the International Headlines at the BBC*, September, London: BBC.

Cleaver, H. (1999) 'Computer Linked Social Movements and the Global Threat to Capitalism'. Online. Available HTTP: <http: //www. eco. utexas. edu/faculty/Cleaver/ polnet. html>.

Connolly, K. (2010) 'Has Release of Wikileaks Documents Cost Lives?', BBC News, 1 December. Online. Available HTTP: <http: //www. bbc. co. uk/ news/world-us-canada-11882092> (accessed December 2010).

Dahlberg, L. and Siapera, E. (2007) *Radical Democracy and the Internet: Interrogating Theory and Practice*, London: Palgrave Macmillan.

Dahlgren, P. (2009) *Media and Political Engagement: Citizens, Communication and Democracy*, Cambridge: Cambridge University Press.

Day, R. J. F. (2005) *Gramsci Is Dead: Anarchist Currents in the Newest Social Movements*, London: Pluto.

Deacon, D., Downey, J., Stanyer, J. and Wring, D. (2011) 'The Media Campaign: Mainstream Media Reporting of the 2010 UK General Election'. Paper presented to the MeCCSA conference, Salford.

Dean, J., Anderson, J. W. and Lovink, G. (2006) *Reformatting Politics: Infornoation Technology and Global Civil Society*, London: Routledge.

Deleuze, G. and Guattari, F. (1988) *A Thousand Plateaus: Capitalism and Schizophrenia*, London: Athlone Press.

della Porta, D. (2005) 'Multiple Belongings, Tolerant Identities and the Construction of "Another Politics": Between the European Social Forum and the Local Social Fora', in D. della Porta and S. Tarrow (eds) *Transnational Protest and Global Activism*, Lanham, MD: Rowman and Littlefield, 175-203.

173

della Porta, D. and Diani, M. (1999) *Social Movements: An Introduction*, Oxford, Malden, MA: Blackwell.

Diani, M. (2001) 'Social Movement Networks. Virtual and Real', in F. Webster (ed.) *Culture and Politics in the information Age*, London: Routledge, 117 - 27.

DigiActive (2009) Website available at: http: //www. digiactive. org/about/.

Downey, J. and Fenton, N. (2003) 'Constructing a Counter-public Sphere', *New Media and Society* 5 (2): 185 - 202.

Elkin, M. (2011) 'Tunisia Internet Chief Gives Inside Look at Cyber Uprising' . *Wired. co. uk*, 31 January. Online. Available HTTP: < http: //www. wired. co. uk/news/archive/2011-01/31/tunisia-egypt-internet-restrictions > (accessed February 2011).

Ester, P. and Vinken, H. (2003) 'Debating Civil Society: On the Fear for Civic Decline and Hope for the Internet Alternative', *International Sociology* 18 (4): 659 - 80.

Fenton, N. (2006) 'Another World is Possible', *Global Media and Communication* 2 (3): 355 - 67.

—— (2008) 'Mediating Hope: New Media, Politics and Resistance', *International Journal of Cultural Studies* 11 (2): 230 - 48.

Fenton, N. and Downey, J. (2003) 'Counter Public Spheres and Global Modernity', *Javnost-The Public* 10 (1): 15 - 33.

Ghannam, J. (2011) *Social Media in the Arab World: Leading up to the Uprisings in* 2011. A Report to the Center for International Media Assistance, Washington, DC. Online. Available HTTP: < http: //cima. ned. org/sites/default/ files/CIMA-Arab _ Social _ Media-Report _ 2. pdf> (accessed July 2011).

Ghoddosi, P. (2009) 'Your Turn-Giving Iranians a Voice', in *World Agenda: Behind the International Headlines at the BBC*, September, London: BBC.

Gopnik, A. (2011) 'How the Internet Gets Inside Us', *New York Review of Books*, Digital Edition, 14 and 22 February: 124 - 30. Online. Available HTTP: <http: //www. newyorker. com/arts/critics/atlarge/2011/02/14/110214crat _ atlarge _ gopnik> (accessed February 2011).

Graeber, D. (2002) 'The New Anarchists', *The New Left Review* 13 (January/February) Online. Available HTTP: <http: //www. newleftreview. org/A2368> (accessed 20 November 2010).

Grant, L. (2011) 'UK Student Protests: Democratic Participation, Digital Age', DML Central: University of California, Humanities Research Institute, 10 January. Online. Available HTTP: <http: //dmlcentral. net/blog/lyndsay-grant/uk-student-protests-democratic-participation-digital-age> (accessed January 2011).

Guardian Euro Poll (2011) Prepared on behalf of the Guardian by IGM Online. Available HTTP: <http: //image. guardian. co. uk/sys-files/Guardian/documents/2011/03/13/Guardian _ Euro _ Poll _ day1. pdf> (accessed October 2011).

Habermas, J. (1989) *The Structural Transformation of the Public Sphere: An Inquiry into a Category of Bourgeois Society*, Cambridge: Polity.

—— (1992) 'Further Reflections on the Public Sphere, in C. Calhoun (ed.) *Habermas and the Public Sphere*, Cambridge, MA: MIT Press, 421 - 61.

—— (1998) *Inclusion of the Other: Studies in Political* Theory, Cambridge: Polity.

Hampton, K. and Wellman, B. (2003) 'Neighboring in Netville: How the Internet Supports Community and Social Capital in a Wired Suburb', *City and Community* 2 (4): 277 - 311.

Hardt, M. and Negri, A. (2000) *Empire*, Cambridge MA: Harvard University Press. 174

—— (2004) *Multitude*, London: Hamish Hamilton.

Held. D. (1999) *Global Transfornations: Politics, Economics and Culture*, Cambridge: Polity Press.

Hill, K. and Hughes, J. (1998) *Cyberpolitics: Citizen Activism in the Age of the Internet*, Lanham, MD: Rowman and Littlefield.

Hindman, M. (2008) *The Myth of Digital Democracy*, Princeton: Princeton University Press.

Haywood, J (2011) 'The Significance of Millbank, in C. Solomon and T. Palmieri (eds) *Springtime: The New Student Rebellions*, London: Verso, 69 - 71.

Holloway, J. (2002) *Change the World without Taking Power: The Meaning of Revolution Today*, London: Pluto Press.

Horwitz, R. (1989) *The Irony of Regulatory Reform: The Deregulation of American Telecommunications*，Oxford：Oxford University Press.

IIves，A.（2009）‘An Election like no Other，in *World Agenda*：*Behind the International Headlines at the BBC*，September，London：BBC.

Kahn，R. and Kellner，D.（2004）‘New Media and Internet Activism：From the “Battle of Seattle” to Blogging’，*New Media & Society* 6（1）：87 – 95.

——（2007）‘Globalisation，Technopolitics and Radical Democracy’，in L. Dahlberg and E. Siapera（eds）*Radical Democracy and the Internet*：*Interrogating Theory and Practice*，London：Palgrave Macmillan.

Keck，M. E. and Sikkink，K.（1998）*Activists beyond Borders*：*Advocacy Networks in International Politics*，New York：Cornell University Press.

Killick，A.（2011）‘Student Occupation against the Cuts’，*Three D*，April，16：7 – 9. Online. Available HTTP：<http：//www. meccsa. org. uk/pdfs/Three D-Issue016. pdf>（accessed April 2011）.

Klein，N.（2000）*No Logo*，New York：Flamingo.

——（2002）*Fences and Windows*：*Dispatches from the Front Lines of the Globalization Debate*，London：Flamingo.

Kowal，D.（2002）‘Digitizing and Globalizing Indigenous Voices：The Zapatista Movement’，in G. Elmer（ed.），*Critical Perspectives on the Internet*，Lanham，MD：Rowman and Littlefield，105 – 29.

Laclau，E.（2004）*The Making of Political Identities*，London：Verso.

Livingstone，S. and Bovill，M.（2002）*Young People*，*New Media*. Research Report Online. Available HTTP：<http：//www. lse. ac. uk/collections/media@lse/pdf/young _ people _ report. pdf>（accessed 28 January 2008）.

Livingstone，S.，Bober，M. and Helsper，E.（2005）‘Internet Literacy among Children and Young People：Findings from the UK Children Go Online Project’，Ofcom/ESRC，London. Online. Available HTTP：< http：//eprints. lse. ac. uk/397/>（accessed October 2010）.

Loader，B.（ed.）（2007）*Young Citizens in the Digital Age*. *Political Engagement*，*Young People and New Media*，Loudon：Routledge.

McKay，G.（ed.）（1998）*DiY Culture*：*Party and Protest in Nineties Britain*，London，New York：Verso.

Marchart, O. (2007) *Post-foundational Political Thought: Political Difference in Nancy, Lefort, Badiou, and Laclau*, Edinburgh: Edinburgh University Press.

Miladi, N. (2011) 'Tunisia: A Media Led Revolution?' Ajazeera. net, 17 January. Online. Available HTTP: < http: //english. aljazeera. net/indepth/opinion/2011/01/2011116142317498666. html> (accessed January 2011).

Morozov, E. (2011) *The Net Delusion: How not to Liberate the World*, London: Allen Lane. 175

Mouffe, C. (2005) *The Return of the Political*, London: Verso.

Musgrove, M. (2009) 'Twitter is a Player in Iran's Drama', *Washington Post*, 17 June. Online. Available HTTP: < http: //www. washingtonpost. com/wp-dyn/content/article/2009/06/16/AR2009061603391. html > (accessed June 2009).

Norris, P. (2001) *Digital Divide: Civic Engagement, Information Poverty and the Internet Worldwide*, Cambridge: Cambridge University Press.

—— (2002) *Democratic Phoenix: Reinventing Political Activism*, Cambridge: Cambridge University Press.

Ofcom (2010) *The Communications Market* 2010, London: Ofcom.

Oswell, D. (2006) *Culture and Society*, London: Sage.

Park, A. (2004) *British Social Attitudes: The 21st Report*, London: Sage.

Ribeiro, G. L. (1998) 'Cybercultural Politics: Political Activism at a Distance in a Transnational World', in S. E. Alvarez, E. Dagnino and A. Escobar (eds) *Cultures of Politics/Politics of Culture: Revisioning Latin American Social Movements*, Boulder, CO: Westview Press, 325 - 52.

Ross, A. (2011) '21st Century Statecraft', LSE public lecture, 10 March. Online. Available HTTP: <http: //www2. lse. ac. uk/publicEvents/events/2011/20110310t1830vHKT. aspx) > (accessed March 2011).

Salter, L. (2003) 'Democracy, New Social Movements and the Internet: A Habermasian Analysis', in M. McCaughey and M. D. Ayers (eds) *Cyberactivism: Online Activism in Theory and Practice*, London: Routledge, 117 - 45.

—— (2011) 'Young People, Protest and Education', *Three D*, April, 16: 4-6.

Sassen, S. (2004) 'Electronic Markets and Activist Networks: The Weight of Social Logics in Digital Formations', in R. Latham and S. Sassen (eds) *IT and New Architectures in the Global Realm*, Princeton: Princeton University Press, 54-89.

Solomon, C. (2011) 'We Felt Liberated, in C. Solomon and T. Palmieri (eds) *Springtime: The New Student Rebellions*, London: Verso, 11-17.

Spivak, G. (1992) 'French Feminism Revisited: Ethics and Politics', in J. Butler and J. Scott (eds) *Feminists Theorise the Political*, London: Routledge, 54-85.

Sreberny, A. (2009) 'Thirty Years on: The Iranian Summer of Discontent', *Social Text*, 12 November. Online. AvailableHTTP: <http://www.socialtextjournal.org/periscope/2009/11/thirty-years-on-the-iranian-summer-of-discontent.php#comment-212> (accessed November 2009).

Sreberny, A. and Khiabany, G. (2010) *Blogistan*, London: I. B. Tauris.

Sunstein, C. (2001) *republic.com*. Princeton: Princeton University Press.

Tapper, J. (2009) 'Clinton: "I Wouldn't Know a Twitter from a Tweeter" and Iran Protests US Meddling', ABC News Blog site, 17 June. Online. Available HTTP: <http://blogs.abcnews.com/politicalpunch/2009/06/clinton-i-wouldnt-know-a-twitter-from-a-tweeter-iran-protests-us-meddling.html> (accessed June 2009).

Tarrow, S. (1994) *Power in Movement*, Cambridge: Cambridge University Press.

Tarrow, S. and della Porta, D. (2005) 'Globalization, Complex Internationalism and Transnational Contention', in D. della Porta and S. Tarrow (eds) *Transnational Protest and Global Activism*, Lanham, MD: Rowman and Littlefield, 227-47.

Terranova, T. (2004) *Network Culture: Politics for the Information Age*, London: Pluto Press.

Tormey, S. (2005) 'From Utopian Worlds to Utopian Spaces: Reflections on the Contemporary Radical Imaginary and the Social Forum Process', *Ephemera* 5 (2): 394 - 408.

—— (2006) *Anti-capitalism: A Beginner's Guide*, Oxford: Oneworld.

Traugott, M. (1995) 'Recurrent Patterns of Collective Action', in M. Traugott (ed.) *Repertoires and Cycles of Collective Action*, Durham: Duke University Press, 1 - 15. 176

Ward, S. and Lusoli, W. (2003) 'Dinosaurs in Cyberspace? British Trade Unions and the Internet', *European Journal of Communication*, 18: 147 - 79.

Warschauer, M. (2003) *Technology and Social Inclusion: Rethinking the Digital Divide*, Cambridge, MA: MIT Press.

Wellman, B., Haase, A. Q., Witte, J. and Hampton, K. (2001) 'Does the Internet Increase, Decrease or Supplement Social Capital? Social Networks, Participation and Community Commitment', *American Behavioural Scientist* 45 (3): 436 - 55.

Wilkinson, H. and Mulgan, G. (1995) *Freedom's Children*, London: Demos.

Yla-Anttila, T. (2006) 'The World Social Forum and the Globalisation of Social Movements and Public Spheres', *Ephemera* 5 (2): 423 - 42.

第四部分
展　望

第七章　结　论

詹姆斯·柯兰、德斯·弗里德曼、娜塔莉·芬顿

本书有两个核心主题。第一个主题是，狭隘地、脱离语境地聚焦于互联网技术会导致对互联网冲击的错觉。第一章阐述了这个主题，检视了四个以技术为中心的预测，说的是互联网如何改变社会；接着又检视了实际发生的情况：(1) 互联网并没有促进预期中那样的全球理解，因为互联网反映了真实世界里的不平等、语言的隔阂、冲突的价值和利益。(2) 互联网也没有如预期的那样推广民主，振兴民主，部分原因是，威权主义政权通常找到了控制互联网的办法；另一个原因是，与政治进程的疏离使互联网的解放潜力受到限制。(3) 互联网也没有变革经济，部分原因是，构成公司权力集中化的不平等的潜隐动力机制岿然不动。(4) 最后一点是，互联网并未开启新闻业的复兴；相反，虽然它使新闻大品牌完成了跨技术的地位上升，但又使这些品牌的质量有所下降，迄今为止，新的新闻形式并没能扭转这种质量下滑的趋势。四个预测都错了，因为它们是从互联网的技术推导出来的，并没有把握住一个要点：互联网的影响要经过社会结构和过程的过滤。我们认为，这个过滤机制可以解释，为何互联网的影响在不同的语境中大有不同。 179

本书的第二个主题是，互联网本身并不是只靠技术建构的，还有诸多其他的因素影响其建构：资金筹集和组织建构的方式，设计、想象和使用的方式，管理和控制的方式。第二章讲互联网的历史。起初，互联网是根据军方的观念建构的，受到科学价值、反文化和欧洲公共服务等思潮的影响。彼时的互联网很大程度上处在尚未市场化的建构过程中；后来，商业化和日益增强的国家审查占了上风。如今，我们处在为互联网的“灵魂”而战的过程中，互联网既有全球的一维，也有西方的一维。

第二个主题讲的是互联网的影响，本书第二部分对这个问题做了更充分的阐述。第三章描绘抒情诗似的“第二次浪潮”的理论阐释。其代表有克里斯·安德森和杰夫·贾维斯，他们把互联网看成促进新形式经济的技术、一种新的生存状 180

态；在这样的生存状态中，稀缺让位于丰饶，多样性取代了标准化，参与和民主化取代了等级结构。然而，除了和互联网的非商业化的发展有一丝社群主义的联系外，以上种种描述都是基于互联网的市场模式。它们忽略了基于市场的互联网业已形成的多种扭曲：公司的宰制，市场的集中，实施控制的守门人，雇员被剥削，操作性权利的管理，“授权应用程序”产生的排斥，对信息公共资源的侵犯。一旦仔细审视，互联网市场就暴露出许多问题，这些问题与不受规制的资本主义有千丝万缕的联系。

我们是否应该想一想那难以想象的可能性选择，考虑用另一种方式来管理互联网呢？对迄今被捧上天的互联网，这个问题似乎是大为不敬的。据说，互联网是理性的系统，因为它用的是柔性的治理，而不是高压的国家控制，是靠专家和用户的自律，而不是靠高压的官僚体制。然而，近年的分析使我们看到，这种自信的调子掩盖了真相。实际上，西方政府并没有像表面上那样不在场控制。它们对计算机网络实施战略上的监管，而且监管的形式可能是随心所欲的干预；维基解密令人尴尬地披露秘密时，美国政府就向信用卡公司施压，令其拒绝在维基解密网站上支付。再者，互联网的控制权越来越集中到强大的互联网公司手里，它们受到软件和硬件的限制。自律常常意味着公司的规制，而公司的规制又可能威胁着互联网的自由和公益特征。由此可见，能否启用一个更好的规制系统，就成了合理的思考；这个更好的系统不受政府和市场的控制。我们将回头再说这个议题。

第五章和第六章重点讲蔚为壮观的社交媒体的兴起，人们不禁要想，它们是否会深刻改变人的社会关系。有人推论，既然技术赋予个人和社交网络以传播的手段，它就必然具有集体赋权的性质。人们常常用自主、存取、参与、多样性和多元化等正面概念来强化互联网这种转换力量的形象。诚然，社交媒体提供了自我表达的自娱自乐的手段，使人们能回敬媒介强权的城堡，在有些情况下（比如伊朗）还能支持激进反抗公众的形成；不过，第五章还是引入了一丝怀疑的调子。社交媒体是个人解放的媒介，而不是集体解放的媒介；是自我表达的媒介（常常在消费者或个人意义上），而不是改变社会的媒介；是娱乐和休闲的媒介，而不是政治传播的媒介（政治传播仍然由旧媒体主宰）；是精英和大公司形塑社会议程的媒介，而不是激进政治的媒介。比如，Twitter 关心的重点是偷窥名人的发言，而不是政治变革。换句话说，社交媒体由它们所处的大环境来塑造，而不是靠改变社会的自主力量来运行。

181

那么，互联网和激进政治有何关系呢？年轻人摈弃了传统的党派政治，偏离了阶级关怀，走向激进的身份政治，他们表达超越边界的政治利益和希望，把互联网当做组织和造势的工具来使用。互联网是全球性、互动性的技术，与更国际化的、去中心的、参与性的政治形式有一种天然的契合关系。但这种政治是互联网促成的，而不是互联网的产物。实际上，看一看具体的例子就凸显出一个特点：互联网辅助的抗议活动还有一些深层的原因，比如，不兑现承诺（英国2010年学生抗议的前奏）、选举舞弊（促发了2009年伊朗人的抗议活动）。诚然，互联网赋予抗议动员一定程度上的创造性自主和有效性，但与互联网相关的激进政治有其局限性。抗议活动中的多重声音可能会撕裂团结，而不是加强团结。

当然，我们承认二分陷阱的危险。互联网是否拥有转换的力量？它削弱了还是加强了现存的政治力量？这样的问题就是二分的陷阱。我们承认在具体情况下评估互联网的价值有重要意义。但尽管提出了这样的警告，我们还是觉得难以把一切问题放入恰当的语境。我们尤其意识到，我们的例子和案例选自范围狭窄的国家和视角，还存在许多其他的例子和案例。

尽管如此，我们还是坚守自己的研究路径和结论：虽然过去有人说而且至今也有人说，互联网能单枪匹马地改变世界，但事实证明并非如此。和以前的一切技术一样，互联网的使用、控制、所有制、发展的历史、将来的潜能都离不开具体的语境。如果我们要实现互联网先驱的梦想，我们就需要挑战那样的语境，就需要一套新的建议，使公众拥有在线网络的监督权和参与权。

我们说，互联网是公共政策的产物，开发者的初衷不是赢利，而是合作和交流。但它早已受到政府、市场、代码和社群的各种规制。稍后的发展却使互联网发生质的变化，它服务全体公民合作和交流的潜力处在危险之中，有可能被圈占、被私有化。蒂姆·伯纳斯-李担心，他参与缔造的

> 互联网正受到各种威胁。一些最成功的网民已经开始削弱其初创的原则。大型社交网站正在用高墙将自己用户帖子的信息围起来，不让其他网民分享。无线网络供应商受利益驱使，故意迟滞他们不能赢利的网站的信息流。集权的和民主的政府都在监控人民在网络上的习惯，危及重要的人权。
>
> （Berners-Lee，2010）

182

这是互联网历史上危急的时刻。

在这种情况下，看看另一种产业面对类似的危急关头时展开的辩论，可能不

无裨益。2008 年，雷曼兄弟公司（Lehman Brothers）破产，金融危机接踵而至，有远见的评论家和管理者意识到，若要重新赢得公众的信赖，让金融业回归稳定的局面，就必须进行严肃认真的改革。阿代尔·特纳（Adair Turner）就是这样一位有远见的人物，他是英国金融服务管理局时任主席。在 2009 年的一次讲演中，他主张，如果要避免类似的灾难，金融业必须从错误中吸取教训，改变经营方式。"我们需要巨变。监管者必须设计巨变的规章和监管方式，还需要完全改变我们过去的监管理论。"（Turner，2009）两年后，爬行速度的变革使他沮丧（虽然新建了国际金融稳定委员会，出台了对银行更严格的监控），所以他再次呼吁金融界接受"激进的政策选择"，包括可能在银行经营中加税或实施国家干预（Turner，2011）。

将金融业的整顿经验应用于互联网时，首先遭到的反对意见就是，诸如此类的措施会遏制创新、扭曲市场原理。事实上，特纳本人也看到了这些反对意见，并指出，这些建议常常遭到批评的根据是："它们会产生'寒蝉效应'（chilling effect），影响资产流动性、产品革新、价格发现（price discovery）和市场效率"（Turner，2011）。接着，他驳斥这些反对意见——有一点令人吃惊，因为他本人深深地扎根在伦敦——"并非一切金融活动都对社会有益"，而且自由和竞争的金融体系"有时既不能起稳定作用，也不能实现分配效率"（Turner，2011）。这等于委婉地承认，监管不严的金融业有负于消费者，破坏了整个金融体制。

我们征引上述言论，并不是因为金融业完成了真正的变革（尚未完成），并不是因为它应该成为互联网的榜样（不应该），只不过是要建议，对重要公共资源的监管既是可能的，也是可取的，目的是要推进"对社会有益"的结果，要遏制不负责任的势力，无论其是来自市场还是政府。因此，我们呼吁实施一种特别形式的干预："否定市场的规制"（market-negating regulation）。这是经济学家考斯达斯·拉帕维查斯（Costas Lapavitsas，2010）分析全球金融危机时命名的规制。没有理由说，激进经济学家为应对危机对金融业提出的不无道理的建议不能用于互联网的规制。这些建议是：国家实施的价格调控，互联网收费的上限，资本市场的控制，这一切都是以公益的名义提出的。拉帕维查斯指出，我们曾实施太多的"错误"调节，他将其称之为"顺应市场的规制"（market-conforming regulation）。这正是互联网历史中发生过的事情，政府、跨国组织、大型通信公司、互联网公司谋求在贸易、关税和实际业务中达成一致意见，使之最有利于自己，而不是有利于公众。

183

当然，这样的调控也必须是“否定国家的规制”（state-negating regulation）。这就是说，它不应该导致政府（无论其是否民选）的垄断，政府不能垄断数字空间，也不能用其权力为数字空间里的活动指定方向。政府垄断的一个例子是英国政府的提议：在国家危机时期（比如 2011 年 7 月的骚乱），政府应该有能力关闭社交媒体，这个动议很快就被公民团体和社交媒体公司压垮了。然而，用国家权力加强公共供给以反对政府控制的想法并没有多少新鲜之处：想想美国的医疗计划、法国的公民健康保险或英国的 BBC（虽然是国家创建的，却不是任何一届政府的资产）。我们相信，创建公共基金会（会员来自社会各界）、建立监管体系（对公众负责），同时让其与政府保持若即若离的关系，这是可能的。

我们很清楚，提出适用于一切情况的一揽子建议是不可能的，因为各国的情况不同。相反，在巴洛发出自由主义号令 15 年之后，我们提出自己的赛博空间宣言，旨在复活公共利益的规制，意在扭转市场与国家当前的关系，因为这一关系加强了大公司和政府的权力，很难做到有利于它们应该服务的公众。我们提出这条路径，并不是要与许多组织和个人提出的权利法案唱对台戏（见 Jarvis，2011）。他们的权利法案意在使开放、合作和道德行为的原则神圣化。实际上，我们正试图寻找一些机制，借以保护和培育这些目标，目前的环境越来越偏向于奖赏不透明、不平等和不道德的行为。

我们想要看到公共干预手段的重新配置，它将会培育：

（1）网络新闻。使互联网能突出更多的信息源，以便更好地把读者和新闻联系起来，而不是培育加速度的“抄闻”（churnalism）；

（2）宽带基础设施。将宽带用做公共设施，以满足公民的需求，而不是培育私营的收费公路；收费公路是经济不稳定时期政府热衷只建的基础设施；

（3）公共空间的保护。利用互联网互通、高速和参与的优势，不是要圈占创造力和想象力，也不是要建构商品化的关系；

（4）公民交流的能力。培育公民在国内外交流的能力，向关注公益的网站提供公共经费，而不是培育打上商标烙印的虚假的国际社区； *184*

（5）网络内容（无论是娱乐、新闻、信息还是教育）的流通。当然要制定相关的规制，但那是以公众的名义制定的规则，而不是由谷歌、Facebook 等大型网络运营商制定的规则；它们的监管和究责系统都不尽如人意。

我们并不是在呼唤从天而降的扭转乾坤的神灵，让其把互联网从数字大盗的手里解放出来。相反，我们呼唤的是建设性的、可以践行的干预手段，用深思熟虑的、含有公众意志的公共政策来进行干预，为建设一个更加民主的互联网而创造条件。

这就是主张实施重新配置的政策：向私营的传播企业征税，以帮助为开放的网络和公共服务内容提供资金；改变知识产权制度，防止那些剥夺网民权利的封堵、版权保护期延长和数字版权管理，因为开放源码才是服务互联网的最佳政策；创造适合具体国家的具体条件，使互联网的资金支持和规制对用户有利，无论其财富、地域、背景和年纪。我们理解，这些干预政策有赖于各个国家的具体情况，但我们绝不相信变革是不可能的。毕竟，我们呼吁采取的措施是为了让公众掌握一个关键的公共事业，而且这些措施已经在经济和社会一些重要领域实施了：美国汽车业的某些部门；英国的银行；阿根廷的航空公司；美国提供抵押贷款的金融机构。

试举一例说明什么措施是可能的：为资助国际开发而征收的托宾税（Tobin Tax）（现货外汇交易税）得到越来越多的支持。如果大家一致同意，开放的互联网环境是 21 世纪的优先政策，为什么不推进一个机制，使信息和传播的受益者做出贡献，为营造这样的环境而努力呢？入选《财富》杂志（*Fortune*）美国 500 强的计算机软件和硬件、互联网服务商和零售商、娱乐和电信企业赢利 1%的税金每年就达到 100 亿美元。为了纪念温特·瑟夫，我们可以将这一税种命名为瑟夫税（Cerf Tax）；他是互联网协议的设计师，没有他就不可能有互联网，不过，瑟夫税可以在世界各国因地而制宜。

互联网到了一个转折点。许多人夸大了互联网的影响和意义，同时又使之模糊不清；本书则表明，互联网的技术发展无疑必须得到理解、保护和珍惜。如今的转折点向我们提出要求，互联网的运行要使公众受益，它们不应该受到国家或市场的歧视。这个要求很紧迫，需要在一切层面上得到满足：国家和超国家的层次，离线和在线的层次；在社会运动和社交媒体中，在我们所属的一切网络中，这个要求应该都得到满足。

185

参考文献

Berners-Lee，T.（2010）‘Long Live the Web：A Call for Continued Open Standards and Neutrality’ *Scientific American*，22 November. Online. Available HTTP：＜http：//www. scientific. american. com/article. cfm? id＝long-live-the-web＞（accessed 5 January 2011）.

Jarvis，J.（2011）‘A Hippocratic Oath for the Internet’，23 May. Online. Available HTTP：< http：//www. buzzmachine. com/2011/05/23/a-hippocratic-oath-for-the-internet/>（accessed 25 August 2011）.

Lapavitsas，C.（2010）‘Regulate Financial Institutions，or Financial Institutions?’，in P. Arestis，R. Sobreira and J. L. Oreiro（eds）*The Financial Crisis*：*Origins and Implications*，Houndsmill：Palgrave Macmillan，137－59.

Turner，A.（2009）‘Mansion House speech’，22 September. Online. Available HTTP：< http：//www. fsa. gov. uk/pages/Library/Communication/Speeches/2009/0922 _ at. shtml>（accessed 25 August 2011）.

——（2011）‘Reforming Finance：Are We Being Radical Enough?’，2011 Clare Distinguished Lecture in Economics and Public Policy，Cambridge，18 February. Online. Available HTTP：< http：//www. fsa. gov. uk/pages/Library/Communication/Speeches/2011/0218 _ at. shtml>（accessed 25 August 2011）.

索　　引

（页码为英文原书页码，即本书边码）

译者后记

中国人民大学出版社是我的一块福地。我退休后学术翻译的第一个爆发期是在这里完成的。

十年来，我为人大出版社主持或参与主持了三套译丛，为他们翻译了14本学术经典或名著，与十来位编辑小将结下了深厚的情谊。2005年，我为该社50华诞纪念文集《书缘情》撰写了《瞄准引进版学术专著的制高点》一文，满怀深情地写了这样一段话："人大出版社的厚爱和信赖使我深受感动……他们大量引进学术经典、抢占学术制高点的气魄，值得我们学习并发扬光大。"

我这14本译作跨越社会学、心理学、传播学，涵盖了传播学的三个学派，它们是：《互联网的误读》、《传播学概论》、《重新思考文化政策》、《模仿律》、《莱文森精粹》、《麦克卢汉如是说：理解我》、《真实空间：飞天梦解析》、《传播与社会影响》、《麦克卢汉书简》、《机器新娘——工业人的民俗》、《手机：挡不住的呼唤》、《麦克卢汉：媒介及信使》、《传播的偏向》、《帝国与传播》。

一般而言，大学出版社有两个重点、一个追求。两个重点是教材和学术著作，一个追求是学术品位。人大出版社"铁肩担道义"的精神，很符合我的口味。我希望与人大出版社等有追求的出版社合作，当好"摆渡人"，为中外学术交流和中国的学术繁荣做一点基础性的工作。

何道宽

于深圳大学文化产业研究院

深圳大学传媒与文化发展研究中心

2013年3月8日

重印后记

《互联网的误读》即将重印，不胜欣喜。

此书2014年7月印行，8月迅即上了几家主流媒体的榜单和推荐书目：(1)《光明日报》2014年8月光明书榜；(2)《中欧商业评论》杂志2014年10月经管图书榜；(3)《经济参考报》书评推荐（2014年8月18日）；(4)新浪中国好书榜2014年8月财经榜；（5）百道网2014年8月中国好书榜·社科类；(6)季风书园每周推荐（2014－07－29）。

此书与中央电视台2014年8月播出的大型纪录片《互联网时代》相互呼应，相得益彰，在央视纪录片排山倒海的影响下，它没有被淹没，而是赢得了广泛的好评。

出书两三个月之内，几家主流媒体如《人民日报·海外版》、《光明日报》、《深圳特区报》即发表书评。

权威的《中国图书评论》（2014年第10期）赋予它特殊的地位，用“双子书话”专栏约请两位作者评同一本书。

2015年11月14日，《互联网的误读》又荣获深圳市第七届哲学社会科学优秀成果奖，实至名归。

互联网时代是最好的时代。互联网、大数据、云计算，资讯信手拈来，现在做学问真的“幸福死了”；互联网＋使经济如虎添翼，使老百姓的生活方便舒适。

然而，互联网时代也是最坏的时代。沉迷网络导致思想苍白虚弱，“低头族”不读书，网游迷放弃真实生活，守门人防不胜防，网络犯罪猖獗。

《互联网的误读》敲响警钟，使我们看到互联网的另一方面，我们要警钟长鸣啊！

何道宽

2015年11月25日

Misunderstanding the Internet by James Curran，Natalie Fenton and Des Freedman
ISBN：978-0-415-57958-2

北京市版权局著作权合同登记号　图字：01－2012－8318

图书在版编目（CIP）数据

互联网的误读/（英）柯兰，（英）芬顿，（英）弗里德曼著；何道宽译．—北京：中国人民大学出版社，2014.6
（新闻与传播学译丛·学术前沿系列）
ISBN 978-7-300-18862-1

Ⅰ.①互… Ⅱ.①柯… ②芬… ③弗… ④何… Ⅲ.①互联网络-研究 Ⅳ.①TP393.4

中国版本图书馆 CIP 数据核字（2014）第 130854 号

新闻与传播学译丛·学术前沿系列
互联网的误读
［英］詹姆斯·柯兰　娜塔莉·芬顿　德斯·弗里德曼　著
何道宽　译
Hulianwang de Wudu

出版发行	中国人民大学出版社		
社　　址	北京中关村大街 31 号	邮政编码	100080
电　　话	010－62511242（总编室）		010－62511770（质管部）
	010－82501766（邮购部）		010－62514148（门市部）
	010－62515195（发行公司）		010－62515275（盗版举报）
网　　址	http://www.crup.com.cn		
经　　销	新华书店		
印　　刷	天津中印联印务有限公司		
规　　格	170 mm×240 mm　16 开本	版　　次	2014 年 7 月第 1 版
印　　张	16 插页 2	印　　次	2020 年 10 月第 3 次印刷
字　　数	260 000	定　　价	59.80 元